Lehrbuch der darstellenden Geometrie

Von

Dr. W. Ludwig
o. Professor an der Technischen Hochschule Dresden

Erster Teil
Das rechtwinklige Zweitafelsystem
Vielflache, Kreis, Zylinder, Kugel

Mit 58 Textfiguren

Manuldruck 1924

Springer-Verlag Berlin Heidelberg GmbH

1919

ISBN 978-3-662-42743-9   ISBN978-3-662-43020-0 (eBook)
DOI 10.1007/978-3-662-43020-0

Vorwort.

Ein neues Lehrbuch der Darstellenden Geometrie bedarf, da an guten Büchern über diesen Gegenstand kein Mangel ist, wohl einer Rechtfertigung. Sie möge in dem Umstande gefunden werden, daß die schwierigen Unterrichtsverhältnisse der letzten Jahre mich in steigendem Maße ein Lehrbuch vermissen ließen, das meiner Vorlesung genügend angepaßt ist. Die Bedürfnisse und Überlieferungen der einzelnen Hochschulen und die Verschiedenheit des Geschmackes bringen es naturgemäß mit sich, daß Stoff und Darstellung einer Vorlesung mit dem Inhalt von fremden Lehrbüchern, deren Umfang der Vorlesung angemessen ist, sich nur teilweise decken und mit wesentlicher Vollständigkeit nur aus sehr viel umfangreicheren Lehrbüchern herausgesucht werden können. So habe ich mich denn nach langem Bedenken zur Herausgabe dieses Lehrbuches entschlossen. Wenn es sich auch meiner Vorlesung eng anschmiegt, so will und kann es darum doch nicht eine bloße Ausarbeitung derselben sein; vielmehr bedingt der Unterschied zwischen dem mündlichen Vortrage und der gedruckten Darstellung wesentliche Abweichungen. Die Vorlesung kann einen großen Teil ihrer Erörterungen an entstehende Figuren anknüpfen und gewinnt dadurch Sätze und Bemerkungen bei Gelegenheiten, die ihre Bedeutung durch eigene Beobachtung, also in besonders eindringlicher Weise zeigen. Das Lehrbuch dagegen muß, um übersichtlich zu bleiben, seinen Stoff nach allgemeinen Gesichtspunkten gliedern und es dem Leser überlassen, einen beträchtlichen Teil der notwendigen Figuren selbst anzufertigen und im Entstehen zu beobachten; dafür ist in ihm der richtige Platz für eine sorgfältige Durchführung von Entwickelungen, die für die streng mathematische Behandlung des Stoffes notwendig sind, aber in der Vorlesung mitunter auf einen kurzen Hinweis beschränkt werden müssen.

Bei der Auswahl und Anordnung des Stoffes sind für mich mehrere Gesichtspunkte maßgebend gewesen. Die ersten Kapitel erstreben eine möglichst schnelle Einführung in das Verständnis der Risse eines Körpers und ihres Zusammenhanges, damit frühzeitig je nach den verschiedenen Vorbildungsstufen verschieden schwierige Aufgaben gestellt werden können, die auf Grund gegebener Risse ohne tieferes Eingehen in die inneren Eigenschaften der Figuren zu lösen sind. Zugleich werden von Anfang an die festen Rißachsen entbehrlich gemacht, weil sie in den Anwendungen nur ausnahmsweise gebraucht werden; die geringe Erschwerung, die hierdurch bedingt ist, wird schnell ausgeglichen durch die gewonnene Freiheit in der Anordnung und Benutzung der verschiedenen Risse. Besonderen Wert lege ich auf Übungsbeispiele, die den einzelnen Studienrichtungen angepaßt sind; die Anwendungen der darstellenden Geometrie sind zum guten Teil für die Auswahl des Stoffes maßgebend gewesen, jedoch kann das Lehrbuch die große Mannigfaltigkeit ihrer Maße und Anordnungen nicht zur Geltung bringen und muß sich damit begnügen, in typischen Aufgaben und kurzen Hinweisen die geometrischen Grundlagen ihrer Lösungen zu liefern. Endlich glaubte ich auch den Gesichtspunkt nicht vernachlässigen zu dürfen, daß die Beschäftigung mit der darstellenden Geometrie eine gewisse geometrische Erfahrung sowohl in praktischer als auch in theoretischer Hinsicht hervorrufen kann; mit der praktischen Erfahrung meine ich einmal das Gefühl für die Genauigkeit der Konstruktionen und das andere Mal die Fähigkeit, freihändige Skizzen mit geometrischer Richtigkeit anzufertigen; die theoretische Erfahrung beziehe ich auf die Erkenntnis der Grenzen, die dem Wirkungsbereich der Elementargeometrie gesetzt sind, und auf das Verständnis für die wichtigsten Begriffe der höheren Geometrie.

Das Lehrgebiet der Darstellenden Geometrie ist so sorgfältig durchgearbeitet, daß nur für sehr wenige Abschnitte eines neuen Buches kein älteres sich nachweisen ließe, das als Vorbild gedient haben kann. Deshalb darf ich mich mit dem Bekenntnis begnügen, daß ich in der Literatur wertvolle Anregungen gefunden habe, und brauche nur eine, in der Literatur bisher nicht zugängliche Quelle anzuführen, der ich besonders viel verdanke; es sind dies die Vorlesungen über Darstellende Geometrie, die Herr *F. Schur* an der Technischen Hochschule Karlsruhe gehalten hat.

Zunächst erscheint der erste Teil des Lehrbuches, der den Stoff des ersten, im Sommerhalbjahr zu erledigenden Teiles meiner Vorlesung enthält. Ich bin dem Verlage zu aufrichtigem Dank verpflichtet, daß er dies trotz der schweren Zeitumstände in so mustergültiger Weise ermöglicht hat, und hoffe, daß der Rest in nicht allzu langer Zeit nachfolgen kann.

Dresden, im Juni 1919.

W. Ludwig.

Inhaltsverzeichnis.

Zweiter Abschnitt.
Die Ellipse als affines Bild des Kreises.

I. Affine ebene Figuren.

II. Die Ellipse: Konjugierte Durchmessersehnen.

III. Die Ellipse: Die Achsen.

IV. Die Risse des Kreises.

V. Kreiszylinder und Kugel.

Rechtwinklige Projektion auf mehrere Rißtafeln.

I. Die grundlegenden Eigenschaften der Parallelprojektion.

Einführung der Parallelprojektion:

1. Die Aufgabe der darstellenden Geometrie ist es, zu lehren, wie man von körperlichen Gegenständen flächenhafte Bilder herstellen kann. Solange solche Bilder keinen anderen Zweck haben, als daß sie den Beschauer an die dargestellten Gegenstände erinnern sollen, genügt es, sie nach dem Gefühl zu entwerfen. Soll aber ein Bild zwingende Rückschlüsse auf die geometrischen Eigenschaften des dargestellten Gegenstandes erlauben, soll es also für die genaue Untersuchung dieser Eigenschaften den körperlichen Gegenstand, der vielleicht nicht zur Hand oder überhaupt noch gar nicht verwirklicht ist, ersetzen können, so müssen seine planimetrischen Eigenschaften mit den stereometrischen Eigenschaften des Körpers durch mathematische Gesetze verknüpft sein.

Einen gesetzmäßigen Vorgang, durch den von einem räumlichen Gegenstand ein Bild oder *Riß* entworfen wird, bezeichnet man mit dem Namen *Projektion*. Eine solche findet z. B. statt, wenn ein Körper im Sonnenlicht auf eine ebene Wand seinen Schatten wirft. Aber das dabei entstehende Bild ist unvollkommen; denn nur die Teile des Körpers, die zufällig die Schattengrenze beeinflussen, können wir in dem Schatten erkennen, während ein brauchbares Bild alle Einzelheiten darstellen sollte. Anders wäre es, wenn der Körper im allgemeinen durchsichtig und nur in seinen wesentlichen Punkten und Linien undurchsichtig, also durch ein aus Draht gefertigtes Modell ersetzt wäre. Machen wir diese Annahme über die Beschaffenheit des Körpers und setzen an die Stelle der schattenempfangenden Wand die *Tafel* oder *Rißtafel* oder *Rißebene II*, an die Stelle der Sonnenstrahlen die untereinander parallelen *Projektionsstrahlen*, so kommen wir zu dem Abbildungsverfahren der *Parallelprojektion*:

Wie der Schatten eines als undurchsichtig vorgestellten Punktes dorthin fällt, wo die gerade Verlängerung des durch ihn aufgehaltenen

Sonnenstrahles die Wand trifft, so ist der *Riß* eines Punktes P der Punkt, in dem die Tafel Π von dem durch P gehenden Projektionsstrahl geschnitten wird. Wie der Schatten eines Körpers der Inbegriff der Schatten aller seiner Punkte ist, so erhalten wir als Riß einer Figur — mag sie eine einzelne Linie sein oder sich aus mehreren Linien zusammensetzen, mag sie eine Fläche oder ein ganzer Körper sein — stets den Inbegriff der Risse ihrer Punkte.

2. Aber die Parallelprojektion ist nicht das einzige Abbildungsverfahren, das möglich ist; vielmehr kann das die Projektion beherrschende Gesetz verschieden gewählt werden, je nach den Zwecken, denen der Riß dienen soll. Die wichtigsten Gesichtspunkte, die hier in Frage kommen, sind die folgenden beiden: Einmal kann man den größeren Wert darauf legen, daß das Bild nach den Maßen des Körpers sich leicht herstellen und umgekehrt diese Maße wieder in einfacher Weise entnehmen läßt. Das andere Mal kann der Wunsch überwiegen, daß der Eindruck, den das Bild auf den Beschauer macht, dem des abgebildeten Gegenstandes sich möglichst nähert.

In der Technik tritt besonders der erste Gesichtspunkt hervor. Seiner Forderung genügt vor allem die Parallelprojektion, und zwar die *Orthogonalprojektion* oder *rechtwinklige Projektion*, bei der die Projektionsstrahlen zur Tafel senkrecht stehen, im allgemeinen besser als die *schiefe Parallelprojektion*, deren Projektionsstrahlen schief auf die Tafel fallen.

Jedoch darf auch der zweite Gesichtspunkt nicht vernachlässigt werden. Ein Bild kann genau denselben Eindruck wie der abgebildete Gegenstand selbst hervorrufen, wenn es — in gleicher Weise wie in Nr. 1 — durch Projektionsstrahlen entsteht, die für eine bestimmte Stellung des Beschauers mit den nach seinen Augen laufenden Sehstrahlen zusammenfallen. Dies geschieht bei der Betrachtung von stereoskopischen Bildern im Stereoskop, also unter Benutzung einer besonderen optischen Vorrichtung. Deshalb. müssen wir uns im allgemeinen mit einer Annäherung begnügen. Eine solche bietet die Parallelprojektion dar, wenn man sich den Beschauer in der Richtung der Projektionsstrahlen so weit von der Tafel entfernt denkt, daß die von dem Bilde kommenden Sehstrahlen fast parallel verlaufen. Eine bessere Annäherung allerdings gewinnen wir durch die *Zentralprojektion* oder *Perspektive*, deren Projektionsstrahlen durch einen Punkt, das *Zentrum*, laufen und die wir — ähnlich wie in Nr. 1 — aus dem von einer punktförmigen Lichtquelle geworfenen Schatten ableiten können; aber hinsichtlich des erstgenannten Gesichtspunktes steht die Zentralprojektion hinter der Parallelprojektion zurück.

Der Maßstab der Zeichnung.

3. Wenn wir von einem gegebenen Körper einen Riß zeichnen wollen, so finden wir oft, daß er in natürlicher Größe auf dem Zeichenblatte keinen Platz haben würde. Dann zeichnen wir eine ihm ähnliche, aber verkleinerte Figur, d. h. eine solche, bei der alle Winkel ungeändert bleiben und alle Längenmaße in einem und demselben Verhältnis verkürzt werden. Geschieht diese Verkürzung auf $\frac{1}{n}$ der wirklichen Größe, so sagen wir: *Der Riß ist in dem (verjüngten) Maßstabe 1 : n gezeichnet.*

Ein verkleinerter Riß ist eigentlich ein in natürlicher Größe gezeichneter Riß eines in demselben Verhältnis verkleinerten Modelles des Körpers. Aus ihm zu entnehmende Längenmaße beziehen sich zunächst auf dieses Modell und müssen mit n multipliziert werden, sollen sie für den gegebenen Körper gelten. Diese Umrechnung erleichtert man dadurch, daß man den im Verhältnis 1 : n verkleinerten Maßstab neben die Figur zeichnet; für die gebräuchlichsten Verhältniszahlen sind die verjüngten Maßstäbe auch käuflich. *Wenn wir im folgenden eine Länge in einen Riß eintragen oder aus ihm entnehmen oder von dem Verhältnis einer Strecke zu ihrem Riß sprechen, wollen wir stets die Berücksichtigung des Maßstabes voraussetzen, ohne sie jedesmal besonders hervorzuheben.*

Die grundlegenden Sätze der Parallelprojektion.

4. Die Parallelprojektion ist für die Technik besonders wichtig und soll deshalb mitsamt ihren verschiedenen Verfahrungsweisen den hauptsächlichen Inhalt der folgenden Erörterungen bilden. Wir beginnen mit den Sätzen über die einfachsten Gebilde — Punkte, Geraden, Ebenen, konvexe Körper —, aus denen sich die verwickelteren Gestalten zusammensetzen lassen.

Es seien gegeben die Tafel II und die Richtung der Projektionsstrahlen. Dabei ist die einzige Bedingung zu erfüllen, daß die Projektionsstrahlen nicht zur Tafel parallel sind, sondern sie schneiden. Wir erkennen sofort die Richtigkeit der Sätze.

Jeder Punkt P des Raumes hat einen Punkt $\overline{P}$ [1]) der Tafel II zum Riß.

Jeder Punkt der Tafel II ist der Riß aller Punkte des Projektionsstrahles, der durch ihn geht.

Jeder Punkt der Tafel II fällt mit seinem Riß zusammen.

5. Den Riß einer Linie erhalten wir als den Ort der Risse ihrer einzelnen Punkte. Deshalb ist selbstverständlich der Satz:

Liegt ein Punkt auf einer Linie, so gehört sein Riß dem Riß der Linie an.

Ist die Linie eine Gerade g, so sind die Projektionsstrahlen ihrer Punkte enthalten in einer Ebene, der *projizierenden Ebene* von g. Diese zeichnet in die Tafel II als Riß von g eine Gerade $\bar{g}$ ein. Wenn dabei g zu II parallel ist, so ist $\bar{g}$ zu g parallel; im anderen Falle

---

[1]) Zu lesen: „P-überstrichen" oder „P-quer".

schneidet g die Tafel Π in einem Punkte, der auf g liegt und der *Spurpunkt* von g heißt. Also haben wir den Satz:

Der Riß einer Geraden g ist eine Gerade $\bar{g}$, die den Spurpunkt von g enthält oder, falls g zur Tafel parallel ist, zu g parallel verläuft.

Eine Ausnahme tritt jedoch ein, wenn die Gerade g den Projektionsstrahlen parallel ist. Denn in diesem Falle haben alle ihre Punkte sie selbst zum Projektionsstrahl und folglich ihren Spurpunkt zum gemeinsamen Riß. Wir merken uns deshalb:

Ist eine Gerade zu den Projektionsstrahlen parallel, so ist ihr Riß keine Gerade, sondern wird durch ihren Spurpunkt vertreten.

6. Schließen wir diesen Ausnahmefall aus, so überträgt sich durch die einander parallelen Projektionsstrahlen die Reihenfolge dreier Punkte A, B, X der Geraden g auf ihre Risse $\bar{A}$, $\bar{B}$, $\bar{X}$, die dem Riß $\bar{g}$ von g angehören. Ist deshalb X ein Punkt der Strecke AB, also zwischen A und B gelegen, so befindet sich $\bar{X}$ zwischen $\bar{A}$ und $\bar{B}$ und ist ein Punkt der Strecke $\bar{A}\bar{B}$. Das heißt:

Der Riß einer Strecke ist die durch die Risse ihrer Endpunkte begrenzte Strecke.

Bewegen wir ferner den Punkt X auf g in dem einen der beiden möglichen *Richtungssinne*, etwa so, daß er zuerst den Punkt A und nach ihm den Punkt B trifft, so läuft $\bar{X}$ gleichzeitig auf $\bar{g}$ in dem Richtungssinne, der von $\bar{A}$ nach $\bar{B}$ führt. Werden also bei dieser Bewegung zwei beliebige Punkte C und D der Geraden g von X in der Reihenfolge, in der sie genannt sind, erreicht, so muß gleichzeitig $\bar{X}$ von ihren Rissen zuerst den Punkt $\bar{C}$ und dann den Punkt $\bar{D}$ überschreiten.

Nun können wir bei einer Strecke nicht nur ihre Länge, sondern auch den Richtungssinn ins Auge fassen, in dem wir sie von einem beweglichen Punkte durchlaufen wissen wollen. Eine solche Strecke nennen wir eine *gerichtete* Strecke und deuten ihren Richtungssinn in ihrer Bezeichnung durch die Reihenfolge ihrer Endpunkte an, so daß die beiden gerichteten Strecken AB und BA wohl voneinander zu unterscheiden sind. Hiermit läßt sich der soeben gefundene Tatbestand folgendermaßen ausdrücken: Die beiden auf g liegenden gerichteten Strecken AB und CD haben nach Voraussetzung denselben Richtungssinn; hieraus folgt dasselbe für die beiden auf $\bar{g}$ liegenden gerichteten Strecken $\bar{A}\bar{B}$ und $\bar{C}\bar{D}$. Solche Strecken nennen wir *gleichsinnig* und können dann den Satz aussprechen:

Gleichsinnige Strecken derselben Geraden haben ebenfalls gleichsinnige Strecken zu Rissen.

7. Sind zwei Geraden g und l einander, aber nicht den Projektionsstrahlen parallel, so sind ihre projizierenden Ebenen parallel und schneiden die Tafel Π in zwei parallelen Geraden. Diese sind die Risse $\bar{g}$ von g und $\bar{l}$ von l; also folgt der Satz:

Die Risse paralleler Geraden sind ebenfalls parallele Geraden.
Und hieraus wieder:
Der Riß eines Parallelogrammes ist ein Parallelogramm.

Auch bei Strecken, die parallelen Geraden g und l angehören, können wir unterscheiden, ob sie gleichsinnig sind oder nicht. Liegt CD auf g und EF auf l und ist $CD = EF$, so sind die gerichteten Strecken CD, EF gleichsinnig, wenn in dem von ihnen bestimmten Parallelogramm CE, DF das zweite Gegenseitenpaar bilden. In diesem Fall hat der Riß des Parallelogrammes die Gegenseitenpaare $\overline{CD}$, $\overline{EF}$ und $\overline{CE}$, $\overline{DF}$, so daß auch die gerichteten Strecken $\overline{CD}$ und $\overline{EF}$ gleichsinnig sind. Zu zwei verschieden langen gerichteten Strecken AB von g und EF von l fügen wir eine auf g liegende und mit EF gleiche und gleichsinnige Strecke CD hinzu und schließen aus der Gleichsinnigkeit von AB und CD auf diejenige von AB und EF. Für die Risse ergibt sich das genau Entsprechende, und deshalb gilt der Satz:

Gleichsinnige Strecken auf parallelen Geraden haben ebenfalls gleichsinnige Strecken zu Rissen.

8. Sind AB und CD zwei gleichsinnige oder ungleichsinnige Strecken einer Geraden g und $\overline{AB}$, $\overline{CD}$, $\overline{g}$ die Risse, so liegen in der projizierenden Ebene von g die vier parallelen Projektionsstrahlen von A, B, C, D und werden von g in diesen Punkten, von $\overline{g}$ in $\overline{A}$, $\overline{B}$, $\overline{C}$, $\overline{D}$ geschnitten. Hieraus erkennen wir, daß

$$\overline{AB} : \overline{CD} = AB : CD .$$

Liegt aber auf g eine Strecke AB und auf der zu g parallelen Geraden l eine Strecke EF, so nehmen wir auf g irgendeine Strecke $CD = EF$ und haben dann in der durch g und l bestimmten Ebene ein Parallelogramm mit dem Gegenseitenpaar CD, EF, dessen Riß ein ebensolches mit dem Gegenseitenpaar $\overline{CD}$, $\overline{EF}$ ist. Also ist $\overline{CD} = \overline{EF}$ und

$$\overline{AB} : \overline{EF} = \overline{AB} : \overline{CD} = AB : CD = AB : EF .$$

Das heißt:
Die Risse von Strecken, die auf derselben oder auf parallelen Geraden liegen, haben dasselbe Verhältnis wie die Strecken selbst.

Besonders wichtig ist der folgende Unterfall:
Der Riß des Mittelpunktes einer Strecke ist der Mittelpunkt des Risses der Strecke.

9. Wenn wir von einer Strecke XY zu ihrem Riß $\overline{XY}$ übergehen, so verändert sich[1]) die Länge von XY in die Länge von $\overline{XY}$ nach dem Verhältnis $\overline{XY} : XY$, das wir als das *Änderungsverhältnis* von XY bezeichnen wollen. Da die in Nr. 8 gewonnenen Proportionen auch in der Form

$$\overline{AB} : AB = \overline{CD} : CD = \overline{EF} : EF$$

geschrieben werden können, folgt der Satz:

---

[1]) Hierbei ist jedoch nach Nr. 3 der Maßstab der Zeichnung zu beachten.

Strecken, die auf derselben oder auf parallelen Geraden liegen, haben dasselbe Änderungsverhältnis.

Das Änderungsverhältnis einer Strecke hängt ab sowohl von dem Winkel, den die Projektionsstrahlen gegen die Tafel bilden, als auch von der Stellung der Strecke. Ist eine Strecke PQ zu der Tafel parallel, so ist sie nach dem zweiten Satz von Nr. 5 ihrem Riß $\overline{P}\overline{Q}$ parallel und bildet mit ihm und den Projektionsstrahlen $P\overline{P}$ und $Q\overline{Q}$ ein Parallelogramm, aus dem $\overline{P}\overline{Q} = PQ$ folgt. Also ist in diesem Falle das Änderungsverhältnis von PQ gleich 1. Wir merken uns:

Jede Strecke, die zur Tafel parallel ist, hat zum Riß eine ihr gleiche und parallele Strecke.

Ist PQ zu den Projektionsstrahlen parallel, so folgt aus dem letzten Satze von Nr. 5, daß $\overline{P}$ und $\overline{Q}$ zusammenfallen und das Änderungsverhältnis den Wert 0 hat.

Steht aber die Gerade, auf der PQ liegt, zu der Tafel Π senkrecht, so tut dies auch ihre projizierende Ebene und enthält demgemäß den Neigungswinkel α sowohl des Projektionsstrahles $P\overline{P}$ als auch des Projektionsstrahles $Q\overline{Q}$. Ist nun N der Spurpunkt der Geraden PQ in Π, so ist $\overline{N}$ derselbe Punkt wie N und in dem bei $\overline{N}$ rechtwinkligen Dreieck $\overline{N}\overline{Q}Q$ $\sphericalangle\,\overline{N}\overline{Q}Q = \alpha$ und $\operatorname{ctg}\alpha = \dfrac{\overline{N}\,\overline{Q}}{NQ}$ oder, da wir nach Nr. 8 $\dfrac{\overline{N}\,\overline{Q}}{NQ} = \dfrac{\overline{P}\,\overline{Q}}{PQ}$ haben, $\operatorname{ctg}\alpha = \dfrac{\overline{P}\,\overline{Q}}{PQ}$. Also gilt der Satz:

Für jede zu der Tafel senkrechte Strecke ist das Änderungsverhältnis gleich $\operatorname{ctg}\alpha$, *wenn* α *der Neigungswinkel der Projektionsstrahlen gegen die Tafel ist.*

Bei rechtwinklig auf die Tafel einfallenden Projektionsstrahlen ist $\operatorname{ctg}\alpha = 0$.

10. Der Riß eines Dreiecks ABC ist das Dreieck, das durch die Risse $\overline{A}$, $\overline{B}$, $\overline{C}$ der Ecken A, B, C bestimmt wird. Wenn die Ebene des Dreiecks ABC zu der Tafel parallel ist, gilt dies auch für alle in ihr liegenden Geraden. Deshalb ist $\overline{A}\,\overline{B} = AB$, $\overline{B}\,\overline{C} = BC$, $\overline{C}\,\overline{A} = CA$ und $\triangle\,\overline{A}\,\overline{B}\,\overline{C} \cong \triangle\,ABC$. Jede ebene Figur können wir aus Dreiecken zusammensetzen und finden dadurch den Satz:

Liegt eine Figur in einer Ebene, die zu der Tafel parallel ist, so ist sie ihrem Riß kongruent.

Die Projektionsstrahlen, die durch die Seiten eines Dreiecks oder einer anderen ebenen Figur gehen, bilden ein Prisma. Deshalb ist der letzte Satz nur ein anderer Ausdruck dafür, daß ein Prisma durch zwei parallele Ebenen in kongruenten Figuren geschnitten wird. Ebenso, wie die Stereometrie auf Grund dieses Satzes dieselbe Tatsache für einen beliebigen Zylinder nachweist, können wir unseren Satz von den geradlinigen auf die krummlinigen Figuren ausdehnen. Besonders leicht geschieht dies, wenn es sich um einen Kreis handelt, dessen Ebene zu der Tafel II parallel ist; denn alle seine Halbmesser haben nach dem zweiten Satz von Nr. 9 gleiche Strecken zu Rissen. Das heißt:

Ist die Ebene eines Kreises zu der Tafel parallel, so ist sein Riß der Kreis, der mit demselben Halbmesser um den Riß des Mittelpunktes in der Tafel geschlagen werden kann.

11. Ist die Ebene E einer ebenen Figur nicht zu der Tafel II parallel, so schneidet sie dieselbe in einer Geraden e, die wir als ihre *Spur* bezeichnen. Der Riß von e fällt nach dem letzten Satz von Nr. 4 mit e zusammen. Wenn deshalb eine Gerade g von E zu e parallel ist, so gilt dies nach dem ersten Satz von Nr. 7 auch für den Riß $\bar{g}$; in diesem Fall ist g auch zu II parallel und hat keinen Spurpunkt. Wenn aber g nicht parallel zu e ist, so ist der Schnittpunkt von g und e zugleich der Spurpunkt von g und liegt auch auf dem Riß $\bar{g}$. Also gilt der Satz:

Wenn eine Gerade einer Ebene angehört, so liegt entweder ihr Spurpunkt auf der Spur der Ebene oder die Gerade und ihr Riß sind der Spur parallel.

Ein besonderer Fall tritt ein, wenn die Ebene E den Projektionsstrahlen parallel ist. Dann fallen die Projektionsstrahlen aller Punkte der Figur in E hinein und folglich ihre Risse in die Spur von E. Das heißt:

Der Riß einer Figur, deren Ebene den Projektionsstrahlen parallel ist, fällt vollständig in die Spur der Ebene.

Wir können diesen Satz auch in folgender Weise umkehren:

Eine Gerade $\bar{g}$ der Tafel ist der Riß aller geraden und krummen Linien der Ebene, die durch $\bar{g}$ läuft und den Projektionsstrahlen parallel ist.

Schrägrisse.

12. Bereits jetzt besitzen wir die Mittel, um durch *schiefe Parallelprojektion* von einfachen Körpern recht anschauliche Bilder zu entwerfen, die wir — der schräg einfallenden Projektionsstrahlen wegen — als *Schrägrisse* bezeichnen.

Die Tafel II nehmen wir dabei in der Regel als scheitelrecht (vertikal) uns gerade gegenüberstehend an und bestimmen die Richtung der Projektionsstrahlen durch den Riß $\overline{PQ}$ und den Zahlenwert λ des Änderungsverhältnisses $\dfrac{\overline{PQ}}{PQ}$ einer gerichteten Strecke PQ, die im Punkt $P \equiv \bar{P}$ zu II senkrecht ist und deren Richtungssinn nach dem Beschauer zeigt.

Diese Angaben genügen; denn der Projektionsstrahl $Q\bar{Q}$ liegt in der Ebene $Q\bar{P}\bar{Q}$, die längs der Geraden $\overline{PQ}$ auf II senkrecht steht, und bildet mit der Geraden $\overline{PQ}$ den spitzen Winkel α, der nach dem dritten Satz von Nr. 9 sich aus $\operatorname{ctg}\alpha = \lambda$ berechnet. Allerdings erwachsen hieraus zunächst zwei Möglichkeiten für die Richtung der Projektionsstrahlen; aber die eine von ihnen wird durch unsere Angabe über den Richtungssinn von PQ ausgeschieden. Offenbar gelten diese Schlüsse bei jeder Annahme von $\overline{P}\,\overline{Q}$ und λ, solange beide Größen endlich sind. Um mit den vorhandenen Zeichenwerkzeugen möglichst bequem konstruieren zu können, *werden wir $\overline{P}\,\overline{Q}$ unter 30° oder 45° oder 60° gegen die Wagerechte geneigt und $\lambda = 1$ oder $\lambda = \frac{1}{2}$ wählen.*

13. Wenn wir nun den Schrägriß eines Quaders (eines rechtwinkligen Parallelepipedons), dessen Seitenlängen a, b, c gegeben sind, herstellen wollen, so denken wir uns den Quader in einer möglichst günstigen Lage vor der Tafel Π schwebend, nämlich so, daß von seinen Seitenflächen die Rechtecke $ABCD$ und $EFGH$ in zu Π parallelen Ebenen liegen und daß von diesen Ebenen die des zuerst genannten Rechtecks der Tafel Π näher ist. Dann ist nach Nr. 10 der Riß von

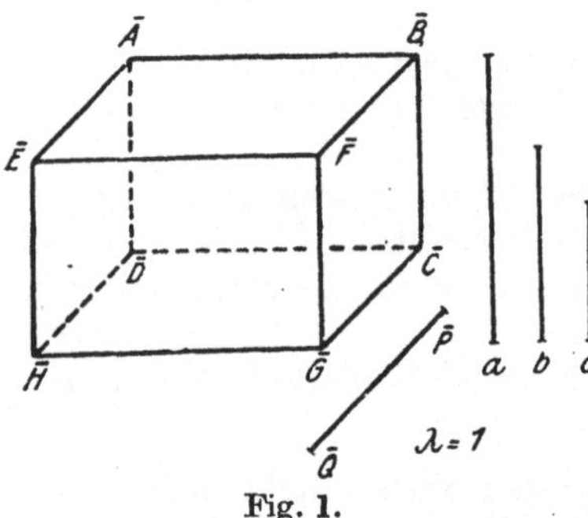

Fig. 1.

$ABCD$ ein Rechteck $\overline{A}\,\overline{B}\,\overline{C}\,\overline{D}$ von denselben Seitenlängen a und b; wir dürfen dieses, da sich ja der Quader im Raume trotz der über seine Lage gemachten Voraussetzung noch willkürlich verschieben läßt, in beliebiger Stellung auf Π zeichnen und wählen die in Fig. 1 dargestellte Anordnung. Die Kanten AE, BF, CG, DH sind untereinander gleich lang, der Strecke PQ parallel und als gerichtete Strecken mit ihr gleichsinnig; ihre Risse $\overline{A}\,\overline{E}$, $\overline{B}\,\overline{F}$, $\overline{C}\,\overline{G}$, $\overline{D}\,\overline{H}$ tragen wir infolgedessen als mit $\overline{P}\,\overline{Q}$ gleichsinnig parallele Strecken ein, deren Länge das λ-fache von c ist, und zwar wählen wir in Fig. 1 $\overline{P}\,\overline{Q}$ unter 45° nach links unten geneigt und $\lambda = 1$. Ziehen wir dann die Strecken zwischen $\overline{E}$, $\overline{F}$, $\overline{G}$, $\overline{H}$, so bilden sie mit den vorher gezeichneten Strecken vier Parallelogramme, die im Einklang mit Nr. 7 die Risse der an $ABCD$ anstoßenden Rechtecke sind, und miteinander ein Rechteck $\overline{E}\,\overline{F}\,\overline{G}\,\overline{H}$, das der Riß des Rechtecks $EFGH$ und diesem kongruent ist.

14. Dieses Beispiel lehrt uns, wie ein Gegenstand beschaffen sein muß, von dem sich leicht ein Schrägriß herstellen lassen soll, und wie wir dabei verfahren müssen:

Auf Grund der Strecke $\overline{P}\,\overline{Q}$ und des Änderungsverhältnisses λ, die in Nr. 12 eingeführt wurden, können wir einen Schrägriß von einem Körper zeichnen, wenn von diesem eine ebene Figur $\mathfrak{F}$ gegeben ist, mit deren Punkten alle übrigen Punkte des Körpers durch zur Ebene von $\mathfrak{F}$ senkrechte Strecken bekannter Länge verbunden sind. Wir denken uns dann den Körper so gestellt, daß jene Ebene zur Tafel parallel ist, zeichnen die Figur $\mathfrak{F}$ in wahrer Gestalt und ziehen aus den Punkten

*von $\mathfrak{F}$ Strecken, die parallel zu $\overline{PQ}$ sind, je nach der räumlichen An-
ordnung des Körpers mit $\overline{PQ}$ gleichen oder ungleichen Richtungssinn
haben und deren Längen das λ-fache der zur Ebene von $\mathfrak{F}$ senkrechten
Strecken betragen.*

Wir benutzen dieses Verfahren zunächst vor allem für die Herstellung von Erläuterungsfiguren und werden in Nr. 31 und Nr. 32 noch
einmal darauf zurückkommen. Von einem höheren Standpunkte aus
betrachtet wird es uns unter dem Namen „*Kavalierperspektive*" wieder
begegnen. (Nr. 414 und Nr. 415.)

Die Sichtbarkeit.

15. Die Anschaulichkeit eines Bildes wird stark beeinträchtigt,
wenn wir alle Kanten und Ecken des abgebildeten Gegenstandes unterschiedslos verzeichnen. Deshalb müssen wir von der in Nr. 1 eingeführten Vorstellung abgehen, daß der Körper außerhalb seiner
Kanten und Ecken völlig durchsichtig sei, und annehmen, daß ein an
geeigneter Stelle stehender Beschauer lediglich die ihm unmittelbar
zugekehrten Kanten und Ecken in voller Schärfe, die anderen aber
durch den Körper hindurch nur abgeschwächt sieht. Auf diese Weise
unterscheiden wir *sichtbare* und *unsichtbare* Kanten[1]) und Ecken.

Den Beschauer nehmen wir so an, daß er auf unserer Seite der
Tafel steht und aus großer Ferne in der Richtung der Projektionsstrahlen auf sie blickt; denn dann können wir uns an seine Stelle
versetzen und erhalten nach Nr. 2 von dem Riß annähernd denselben
Eindruck wie von dem abgebildeten Gegenstande selbst. Für einen
solchen Beschauer bestimmen wir die Sichtbarkeit der Kanten und
Ecken des dargestellten Körpers und bezeichnen ein derartiges Bild,
wenn die Tafel wagerecht liegt, als *von oben gesehen* und, wenn die
Tafel scheitelrecht steht, als *von vorn gesehen.*

Bei der in Nr. 12 eingeführten Projektionsrichtung des Schrägrisses wird die Sehrichtung des vor der scheitelrechten Tafel stehenden
Beschauers angezeigt durch die gerichtete Strecke $\overline{QQ}$. Läuft diese
Strecke von rechts oben nach links unten, so gilt dasselbe für die gerichtete Strecke $\overline{PQ}$. Der Beschauer wird also von rechts oben auf den
abgebildeten Gegenstand zu sehen glauben, sobald $\overline{PQ}$ die erwähnte
Richtung besitzt. Das Entsprechende gilt für die drei anderen vorhandenen Möglichkeiten, und so ergibt sich der Satz:

---

[1]) In der Zeichnung werden *sichtbare Kanten kräftig und voll* ausgezogen
und *unsichtbare Kanten gestrichelt.* Auf jede Stelle, an der eine sichtbare Linie
über einer unsichtbaren hinweggeht, muß eine *Lücke* in der letzteren treffen.
Unsichtbare Kanten, die zum Verständnis des Bildes nicht notwendig sind,
können fortgelassen werden. Dafür müssen oft *Hilfslinien*, die für das Verständnis
der Konstruktion notwendig sind, in der Zeichnung erhalten werden; für sie
werden feine Linien von verschiedener Ausführung (punktiert, gestrichelt, strichpunktiert) verwendet.

Ein nach Nr. 12 und Nr. 14 angelegter Schrägriß liefert eine rechte oder linke Obersicht, wenn die gerichtete Strecke $\overline{PQ}$ nach links unten oder rechts unten, und eine rechte oder linke Untersicht, wenn $\overline{PQ}$ nach links oben oder rechts oben weist.

16. Für die Darstellung der Sichtbarkeit kommt nur die Oberfläche des abgebildeten Gegenstandes in Betracht. Zunächst möge sie ein allseitig geschlossenes *konvexes* Vielflach sein, d. h. keine einspringenden Ecken oder Kanten besitzen. Ein solches Vielflach wird von jedem Projektionsstrahl, der es überhaupt trifft, in zwei Punkten geschnitten, von denen der eine, dem gedachten Beschauer nähere, sichtbar und der andere unsichtbar ist. So zerlegt sich das Vielflach in einen sichtbaren und einen unsichtbaren Teil, deren Risse auf denselben Fleck der Tafel fallen. Die Grenze dieses Fleckes wird gebildet durch die Risse von Kanten, in denen immer eine sichtbare und eine unsichtbare Fläche des Vielflaches zusammenstoßen, und ist deshalb der Riß desjenigen Kantenzuges, der den sichtbaren Teil des Vielflaches von dem unsichtbaren trennt. Man bezeichnet sowohl diesen Kantenzug als auch seinen Riß (jene Grenze) mit dem Namen *Umriß* und unterscheidet sie dadurch, daß man den ersten den *wahren*, den zweiten den *scheinbaren* Umriß nennt. Die Projektionsstrahlen der Punkte der Umrißkanten bilden den Übergang von den Projektionsstrahlen, die das Vielflach treffen, zu denen, die es nicht treffen; sie *streifen* es. Wir fassen unser Ergebnis zusammen. in den Satz:

Ein konvexes Vielflach zerfällt in einen sichtbaren und einen unsichtbaren Teil, die durch den wahren Umriß getrennt sind und deren Risse denselben Fleck der Tafel doppelt bedecken. Die Grenze dieses Fleckes, der scheinbare Umriß, ist der Riß des wahren Umrisses.

17. *Der Umriß eines konvexen Vielflaches ist immer sichtbar*, denn er gehört ja auch dem sichtbaren Teil des Vielflaches an. Von seinen Ecken können sowohl sichtbare wie unsichtbare Kanten ausgehen. *In einer Ecke aber, die dem Umriß nicht angehört, können nur entweder lauter sichtbare oder lauter unsichtbare Kanten zusammenlaufen*; denn eine solche Ecke liegt entweder inmitten des sichtbaren oder inmitten des unsichtbaren Teiles des Vielflaches. Wenn man also von einer nicht zum Umriß gehörigen Ecke weiß, ob sie sichtbar ist oder nicht, kann man von ihr aus die Sichtbarkeit des ganzen Vielflaches ableiten.

Dabei kann noch die folgende Bemerkung als Richtigkeitsprobe nützlich sein: Zwei Kanten eines konvexen Vielflaches können sich zwischen ihren Endpunkten nicht begegnen. Wenn also ihre Risse einen Schnittpunkt zwischen ihren Endpunkten haben, so ist dieser nicht der Riß eines beiden Kanten gemeinsamen Punktes, sondern der Riß zweier getrennten Punkte, die denselben Projektionsstrahl haben. Deshalb muß von diesen Punkten der eine dem sichtbaren und der andere dem unsichtbaren Teil des Vielflaches angehören; dasselbe gilt dann auch von den Kanten, auf denen sie liegen, und das heißt:

Wenn die Risse zweier Kanten eines konvexen Vielflaches sich zwischen ihren Endpunkten schneiden, so ist immer die eine Kante sichtbar und die andere unsichtbar.

18. Diese Regeln können leicht an dem in Fig. 1 gezeichneten Schrägriß eines Quaders geprüft werden. Sie gelten aber nicht nur für Schrägrisse dieser Art, sondern ganz allgemein für alle Risse, die durch Parallelprojektion entstehen; denn nur bei dem letzten Satz von Nr. 15 haben wir ausdrücklich Bezug genommen auf die in Nr. 12 und Nr. 14 gegebene Vorschrift über die Herstellung von Schrägrissen. Wir können die Erörterungen über die Sichtbarkeit auch auf die Zentralprojektion ausdehnen; die einzige Abänderung besteht darin, daß wir ein Auge des Beschauers im Projektionszentrum annehmen.

Ferner können wir jetzt auch die Sichtbarkeit nicht konvexer Vielflache untersuchen. Wir verfahren folgendermaßen:

Behufs Feststellung der Sichtbarkeit zerlegt man ein nicht konvexes Vielflach in konvexe Teile, bestimmt für jeden seine Sichtbarkeitsverhältnisse unabhängig von den übrigen und sieht dann nach, inwiefern diese Teile sich gegenseitig verdecken.

II. Rechtwinklige Projektion auf mehrere Tafeln.

Grundriß und Aufriß.

19. Für alle Fälle, in denen es sich um die Herstellung eines verwickelteren Risses aus gegebenen Stücken und um die Entnahme von Maßen aus dem Riß handelt, erweist sich das Verfahren der *rechtwinkligen Projektion* als besonders brauchbar. Bei ihm sind die Projektionsstrahlen zu der Tafel senkrecht und können deshalb als *Projektionslote* bezeichnet werden.

Die Tafel wird, wenn nicht besondere Umstände es anders verlangen, entweder als wagerecht oder als gerade vor dem Beschauer scheitelrecht stehend vorausgesetzt und heißt im ersten Falle *Grundrißtafel* Π_1, im zweiten Falle *Aufrißtafel* Π_2. In Übereinstimmung hiermit sprechen wir von dem *Grundriß* oder dem *Aufriß* eines Gegenstandes und *bezeichnen insbesondere den Grundriß eines Punktes P und einer Geraden g mit P′, g′, die Aufrisse aber mit P″, g″* [1]).

Für die Bestimmung der Sichtbarkeit nehmen wir im Einklang mit Nr. 15 den Beschauer oberhalb der Grundrißtafel und vor der Aufrißtafel an; dann bietet der Grundriß eine *Obersicht*, der Aufriß eine *Vorderansicht* des dargestellten Gegenstandes dar. Besondere Umstände können gelegentlich die Herstellung einer *Untersicht* bzw. *Rückansicht* wünschenswert erscheinen lassen, so daß wir den Beschauer auf die entgegengesetzte Seite der Tafel stellen müssen.

---

[1]) Zu lesen: „*P*-Strich“, „*g*-Strich“, „*P*-zwei-Strich“, „*g*-zwei-Strich“.

20. Wagerechte Ebenen und scheitelrechte Strecken spielen bei der natürlichen Stellung der meisten Gegenstände eine besondere Rolle und sind auch im Grundriß und im Aufriß bevorzugt. Wenden wir auf sie die Sätze von Nr. 5, 9, 10, 11 an, so erhalten wir die folgenden Sätze:

Der Grundriß einer wagerechten Strecke ist eine ihr gleiche[1]) und parallele Strecke.

Der Grundriß einer scheitelrechten Strecke ist ein Punkt; ihr Aufriß ist eine ihr gleiche[1]) scheitelrechte Strecke.

Der Grundriß einer Figur, die in einer wagerechten Ebene liegt, ist eine ihr kongruente[1]) Figur; ihr Aufriß fällt vollständig in die wagerechte Aufrißspur ihrer Ebene hinein.

Der Grundriß einer Figur, die in einer scheitelrechten Ebene liegt, fällt vollständig in die Grundrißspur der Ebene hinein.

21. Hiernach steht ein Körper für die Herstellung seines Grundrisses besonders günstig, wenn recht viele seiner wichtigen Erstreckungen wagerecht liegen. Bei einem Quader z. B., dessen Flächen $ABCD$ und $EFGH$ zu Π_1 parallel sind, bilden diese Flächen sich ab in zwei ihnen kongruente Rechtecke $A'B'C'D'$ und $E'F'G'H'$. Aber die Kanten AE, BF, CG, DH sind scheitelrecht und haben je einen einzigen Punkt zum Grundriß. Deshalb ist, wenn wir mit dem Zeichen $\equiv$ das *Zusammenfallen* zweier Punkte oder zweier Strecken oder irgend zweier anderen gleichartigen Gebilde andeuten, $A'\equiv E'$, $B'\equiv F'$, $C'\equiv G'$, $D'\equiv H'$ und $A'B'C'D'\equiv E'F'G'H'$. Das heißt:

Ein Quader mit zwei zu der Grundrißtafel parallelen Flächen hat als Grundriß ein Rechteck, das jenen Flächen kongruent ist.

Bei einer geraden quadratischen Pyramide trifft das Lot, das aus der Spitze S auf die Grundfläche $ABCD$ gefällt werden kann, den Diagonalenschnittpunkt E der letzteren. Liegt die Ebene $ABCD$ wagerecht, so ist der Grundriß des Quadrates $ABCD$ ein diesem kongruentes Quadrat $A'B'C'D'$, dessen Diagonalenschnittpunkt der Grundriß E' von E ist. Mit E' vereinigt sich, da ES scheitelrecht ist, auch der Grundriß S' von S. Das heißt:

Eine gerade quadratische Pyramide, deren Grundfläche wagerecht ist, hat als Grundriß ein Quadrat mit seinen Diagonalen.

22. Für die Herstellung seines Aufrisses steht ein Körper besonders günstig, wenn möglichst viele seiner wichtigen Erstreckungen zur Aufrißtafel Π_2 parallel liegen. Zum Beispiel werden wir uns den Quader von Nr. 21 am besten so gedreht denken, daß seine wagerechten Flächen wagerecht bleiben, daß aber die Ebenen der beiden Rechtecke $ABFE$ und $CDHG$ zu Π_2 parallel sind. Dann ergibt sich durch dieselben Schlüsse, wie beim Grundriß, daß der Aufriß des ganzen Quaders ein Rechteck $A''B''F''E'' \equiv D''C''G''H''$ ist, dessen Seiten die Längen der Kanten AB und AE des Quaders haben.

---

[1]) „gleich" und „kongruent" natürlich unter Berücksichtigung des Maßstabes der Zeichnung (s. Nr. 3).

Die Pyramide von Nr. 21 stellen wir so, daß ihre Grundfläche $ABCD$ wieder wagerecht ist und zugleich die Kanten AD und BC zu Π_2 senkrecht hat. Dann sind $A'' \equiv D''$, $B'' \equiv C''$, so daß in der wagerechten Strecke $A''B'' \equiv D''C''$ der Aufriß des ganzen Quadrates $ABCD$ enthalten ist. Die Höhe ES der Pyramide hingegen ist scheitelrecht und zu Π_2 parallel, hat also zum Aufriß eine ebenfalls scheitelrechte, d. h. zu $A''B''$ senkrechte Strecke $E''S''$. E'' hälftet, da E die Mitte von AC und $A''C'' \equiv A''B''$ ist, nach Nr. 8 die Strecke $A''B''$; mithin ist das Dreieck $A''S''B''$ ein gleichschenkliges. Dieses Dreieck aber stellt, da $D''S'' \equiv A''S''$, $C''S'' \equiv B''S''$ ist, den Aufriß der ganzen Pyramide dar. Also haben wir gefunden:

Der Aufriß einer geraden quadratischen Pyramide, deren Grundfläche wagerecht ist und zwei zu der Aufrißtafel senkrechte Kanten hat, ist ein gleichschenkliges Dreieck mit wagerechter Grundseite.

23. Wir erkennen bereits aus diesen einfachen Beispielen, daß der Grundriß allein oder der Aufriß allein nicht genügt, um den dargestellten Gegenstand vollständig zu bestimmen. Die Erstreckung senkrecht zu der Rißtafel spielt in dem Riß gar keine Rolle; sie kann deshalb auch nicht aus ihm entnommen werden, sondern muß auf irgendeine andere Weise angegeben werden.

Ein Beispiel hierfür liefert jede Landkarte mit *Schichtlinien*, sofern sie ein nicht zu großes Stück der Erdoberfläche darstellt. In diesem Fall können wir sie nämlich als einen Grundriß des Geländes auffassen, dessen Tafel in der für die betreffende Stelle berechneten Höhe des Meeresspiegels liegt, und haben in den Schichtlinien die Grundrisse der Schnitte des Geländes mit Ebenen, die in gleichmäßig wachsenden Abständen von der Grundrißtafel zu dieser parallel hindurchgelegt sind. Den Schichtlinien und einzelnen wichtigen, zwischen ihnen liegenden Punkten sind Zahlen beigeschrieben, die ihre Höhen über der Grundrißtafel, d. h. über dem Meeresspiegel, angeben; sie heißen *Koten*, weshalb diese Art der Darstellung als *kotierte Projektion* bezeichnet wird.

Die kotierte Projektion dient der Lösung aller Aufgaben, die durch die Darstellung des Geländes und durch die Planung von in ihm vorzunehmenden Veränderungen gestellt werden; sie ist dazu besonders geeignet, weil die Höhenunterschiede des Geländes im Verhältnis zu den Ausdehnungen des Grundrisses außerordentlich klein sind und sich am einfachsten und genauesten durch Zahlen angeben lassen. Wo aber dieser Grund nicht vorliegt, zieht man andere, rein zeichnerische Verfahren vor.

Das rechtwinklige Zweitafelsystem.

24. Das brauchbarste und gebräuchlichste Verfahren besteht in einer gleichzeitigen Anwendung und folgerechten Verknüpfung von Grund- und Aufriß. Bei ihm bilden die Grundrißtafel Π_1 und die

Aufrißtafel Π_2 zusammen mit ihrer Schnittlinie, der *Rißachse* a_{12}, ein Ganzes, das wir als das *rechtwinklige Zweitafelsystem* bezeichnen. Es handelt sich nun darum, die Zusammenhänge aufzusuchen, die hierbei zwischen den beiden Rissen desselben räumlichen Gebildes bestehen. Wollen wir dabei dem Vorstellungsvermögen durch ein Modell zu Hilfe kommen, so können wir, obwohl wir die beiden Tafeln uns allseitig unbegrenzt denken müssen, nur begrenzte Teile von ihnen zur Anschauung bringen. In Fig. 2 a haben wir den Schrägriß eines solchen Modelles nach Nr. 14 hergestellt; Π_1 und Π_2 sind durch zwei kongruente Rechtecke begrenzt, von denen das erste zwei zu der Schrägrißtafel senkrechte Seiten besitzt und das zweite in einer zu ihr parallelen Ebene liegt; der über die Buchstaben gesetzte Strich, mit dem der Schrägriß angedeutet wurde, ist fortgelassen worden.

25. Die Rißachse a_{12} teilt die beiden Tafeln in je zwei Teile; die Grundrißtafel Π_1 in einen vorderen, Π_1^+, und einen hinteren, Π_1^-; die Aufrißtafel Π_2 in einen oberen, Π_2^+, und einen unteren, Π_2^-. Die beiden Tafeln wiederum teilen den Raum in vier Teile, die begrenzt werden durch Π_1^+ und Π_2^+, durch Π_1^- und Π_2^+, durch Π_1^- und Π_2^-, durch Π_1^+ und Π_2^-. Weil die zu Π_1 gehörigen Projektionslote parallel zu Π_2 und die zu Π_2 gehörigen Projektionslote parallel zu Π_1 sind, ergibt sich sofort der — an den Punkten P, Q, R, S der Fig. 2 a zu bestätigende — Satz:

Im rechtwinkligen Zweitafelsystem liegen die Risse eines Punktes in den Teilen der Tafeln, durch die der Raumteil begrenzt wird, in dem der Punkt enthalten ist.

Als besonderen Fall müssen wir den ins Auge fassen, daß ein Punkt T in einer der Tafeln selbst liegt. Ist T ein Punkt von Π_1, so ist nach Nr. 4 $T' \equiv T$; gleichzeitig ist das aus T auf Π_2 zu fällende Projektionslot in Π_1 enthalten, so daß T'' auf die Rißachse a_{12} fällt. Ist T ein Punkt von Π_2, so folgt in ähnlicher Weise, daß $T'' \equiv T$ ist und T' in a_{12} liegt. Also gilt der Satz:

Die Punkte der Grundrißtafel (Aufrißtafel) haben ihre Aufrisse (Grundrisse) auf der Rißachse.

26. Ist P irgendein Punkt mit den Rissen P' und P'', so bestimmen die drei Punkte eine Ebene $P P' P''$; diese steht, da $P' P \perp \Pi_1$ und $P'' P \perp \Pi_2$, auf Π_1 und Π_2, also auch auf a_{12} senkrecht. Ist P_{12} der Schnittpunkt der Ebene $P P' P''$ mit a_{12}, so sind die Geraden $P_{12} P'$ und $P_{12} P''$ ihre Schnittlinien mit Π_1 und Π_2 und somit zu a_{12} senkrecht. Außerdem aber folgt, daß $P' P \perp P_{12} P'$, $P'' P \perp P_{12} P''$, $P_{12} P' \perp P_{12} P''$; das Viereck $P P' P_{12} P''$ ist also ein Rechteck — das sich in dem Schrägriß der Fig. 2 a als Parallelogramm abbildet — und führt zu den Gleichheiten: $P_{12} P' = P'' P$ und $P_{12} P'' = P' P$. Genau dieselben Überlegungen können wir für die anderen Punkte Q, R, S der Fig. 2 a anstellen und erhalten dadurch ein Ergebnis, das wir folgendermaßen aussprechen:

Die Lote, die man aus dem Grundriß und aus dem Aufriß eines und desselben Punktes auf die Rißachse fällen kann, haben einen gemeinsamen Fußpunkt und sind gleich den Abständen, die der Punkt bzw. von der Aufriß- und der Grundrißebene besitzt.

27. Dieser Satz drückt die Verknüpfung aus, die im rechtwinkligen Zweitafelsystem zwischen Grundriß und Aufriß desselben Körpers und zwischen den beiden Rissen und dem Körper selbst besteht. Aber die Tafeln mit den Rissen, der abzubildende Gegenstand und die Projektionslote bilden eine *räumliche* Gesamtheit, die wir kurz *das räumliche Zweitafelsystem* nennen wollen. Hingegen kann und soll die zeichnerische Behandlung sich lediglich auf die beiden Risse erstrecken, die dabei mit besonderem Vorteil auf demselben Zeichenblatt vereinigt werden.

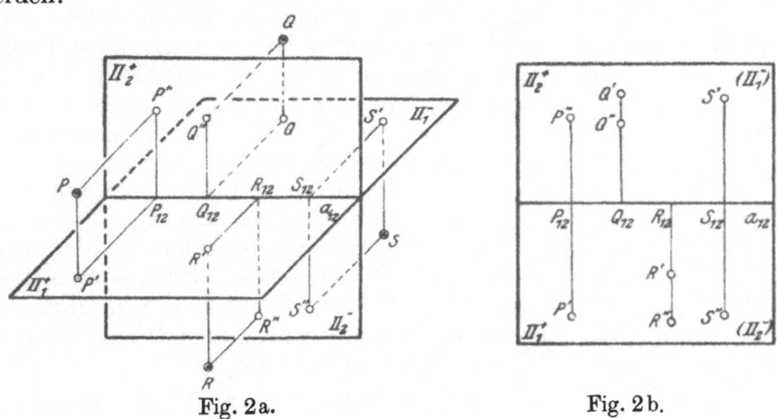

Fig. 2a. Fig. 2b.

Um das zu erreichen, lassen wir aus dem räumlichen Zweitafelsystem den abzubildenden Gegenstand und die Projektionslote fort, drehen die eine der beiden Tafeln um die Rißachse a_{12} so in die andere hinein, daß sich Π_1^+ auf Π_2^- und Π_2^+ auf Π_1^- deckt, und legen die zusammengeklappten Tafeln so in das Zeichenblatt, daß a_{12} wagerecht verläuft. Diese Anordnung sei kurz als *das zusammengeklappte Zweitafelsystem* bezeichnet. Fig. 2b zeigt das zusammengeklappte Zweitafelsystem, das aus dem in Fig. 2a dargestellten räumlichen hervorgeht.

28. Wir erkennen sofort, daß die Sätze von Nr. 25 und Nr. 26 auch für das zusammengeklappte Zweitafelsystem ihre Geltung behalten. Aber, weil $P_{12}P'$ und $P_{12}P''$ jetzt in derselben Ebene liegen und in demselben Punkte P_{12} auf a_{12} senkrecht stehen, gehören sie derselben Geraden an, so daß $P'P'' \perp a_{12}$ ist. Das heißt:

Im zusammengeklappten Zweitafelsystem liegen die Risse eines Punktes stets in einer zu der Rißachse senkrechten Geraden, die „Ordnungslinie" heißt.

Fig. 2 b zeigt dies für die Punkte P, Q, R, S und läßt zugleich erkennen, wie Grund- und Aufriß eines Punktes ganz verschieden fallen können, je nach dem Raumteil, in dem er liegt. *In der Regel allerdings werden wir den darzustellenden Gegenstand möglichst in dem von Π_1^+ und Π_2^+ begrenzten Raumteil, dem ,,Hauptviertel'', annehmen,* weil dann sein Grundriß unterhalb und sein Aufriß oberhalb der Rißachse a_{12} zu liegen kommt und ein störendes Ineinandergreifen der Risse vermieden wird.

29. Wenn wir irgend zwei Punkte derselben Ordnungslinie nehmen, so können wir stets den einen als Grundriß P' und den anderen als Aufriß P'' eines räumlichen Punktes P auffassen. Kehren wir nämlich in das räumliche Zweitafelsystem zurück, so zerlegt sich die Ordnungslinie in die beiden Lote, die aus P' und P'' auf die Rißachse gefällt werden können und sie in demselben Punkte P_{12} treffen; infolgedessen ist die Ebene $P'P_{12}P''$ zu beiden Tafeln senkrecht und enthält die Lote, die wir in P' zu Π_1 und in P'' zu Π_2 errichten; also schneiden sich diese Lote in einem Punkte P, als dessen Grundriß P' und als dessen Aufriß P'' erscheint. Wir erkennen erstens, daß P durch P' und P'' eindeutig bestimmt ist, und zweitens, daß die ganze Schlußkette nur möglich ist, wenn P' und P'' auf derselben Ordnungslinie des zusammengeklappten Zweitafelsystems liegen. Also erhalten wir den Satz:

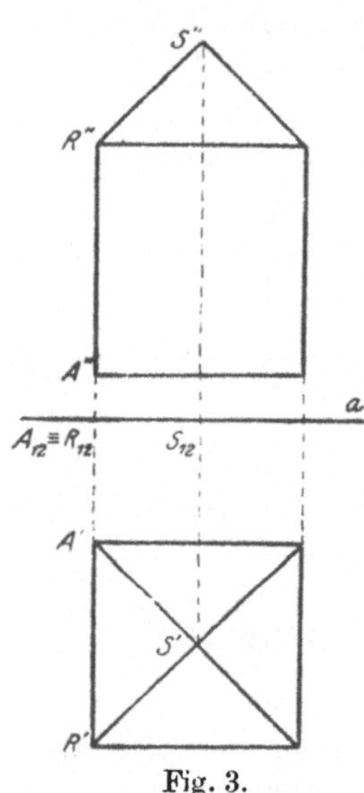

Fig. 3.

Zwei Punkte P' und P'' des zusammengeklappten Zweitafelsystems sind immer dann und nur dann Grund- und Aufriß eines Punktes P, wenn sie derselben Ordnungslinie angehören, und zwar bestimmen sie den Punkt P eindeutig.

30. Wenn Grund- und Aufriß eines Körpers wie in Fig. 3 im zusammengeklappten Zweitafelsystem vorliegen, so kann nur der sie verstehen, der aus ihnen die Vorstellung der räumlichen Gestaltung des Körpers herzuleiten weiß. *Überhaupt muß stets mit dem zusammengeklappten Zweitafelsystem die Vorstellung des räumlichen Zweitafelsystems verbunden sein und die zeichnende Arbeit in dem ersten Hand in Hand gehen mit der Gedankenarbeit in dem zweiten.*

Eine wesentliche Hilfe hierfür ist es, wenn die Verknüpfung, die nach Nr. 28 und Nr. 29 zwischen Grund- und Aufriß besteht, hervorgehoben wird mittels einer *Bezeichnung zusammengehöriger Punkte durch übereinstimmende Buchstaben,* wie A' und A'', S' und S'' usw. in Fig. 3. Ferner dient diesem Zweck eine *Darstellung der Sichtbarkeit,* die aus jener Verknüpfung sich nach den in Nr. 19 gemachten Bemerkungen folgerichtig ergibt. Nämlich die Punkte, die bei einer

Obersicht des Grundrisses sichtbar sind, gehören jedenfalls zu den obersten und die Punkte, die bei einer Vorderansicht des Aufrisses sichtbar sind, zu den vordersten Punkten des Körpers. Die obersten Punkte des Körpers sind aber die, deren Aufrisse zu oberst, und seine vordersten Punkte die, deren Grundrisse im zusammengeklappten Zweitafelsystem zu unterst liegen. Also können wir, ohne in Einzelheiten einzugehen, die folgende allgemeine Regel aussprechen:

Ist ein Körper durch Grund- und Aufriß im zusammengeklappten Zweitafelsystem gegeben, so kommen als sichtbar in Betracht für eine Obersicht des Grundrisses die Punkte, deren Aufrisse zu oberst, und für eine Vorderansicht des Aufrisses die Punkte, deren Grundrisse zu unterst liegen.

Herstellung eines Schrägrisses aus Grund- und Aufriß.

31. Um die Vorstellung des räumlichen Zweitafelsystems aus dem zusammengeklappten zu gewinnen, müssen wir den Vorgang umkehren, der uns in Nr. 27 von dem ersten zu dem zweiten geführt hat. Wir werden also in Gedanken die eine der Tafeln Π_1 und Π_2 um die Rißachse a_{12} aus der Ebene des zusammengeklappten Zweitafelsystems heraus bis in die dazu senkrechte Stellung drehen, darauf in den Punkten der beiden Risse die Projektionslote errichten und endlich die Schnittpunkte zusammengehöriger Projektionslote anmerken und passend verbinden.

Indem wir diesen Vorgang nach den Regeln von Nr. 12 und Nr. 14 in einem Schrägriß darstellen, konstruieren wir die Fig. 2 a aus der als gegeben zu denkenden Fig. 2 b. Wir nehmen nämlich die Schrägrißtafel parallel zu der Aufrißtafel Π_2, so daß sich die letztere zusammen mit dem in ihr liegenden Aufriß, mit der Rißachse a_{12} und mit den aus den Aufrißpunkten auf a_{12} gefällten Loten $P''P_{12}, Q''Q_{12}$ usw. in wahrer Größe und Gestalt abbildet und unmittelbar aus Fig. 2 b nach Fig. 2 a übertragen werden kann. Alle Strecken ferner, die im räumlichen Zweitafelsystem auf Π_2 senkrecht stehen, sind auch zu der Schrägrißtafel senkrecht. Folglich sind ihre Schrägrisse nach Richtung und Länge durch die Richtung und das Änderungsverhältnis bestimmt, die für die Herstellung des Schrägrisses gewählt wurden. Insbesondere gilt dies für die aus den Grundrißpunkten auf a_{12} gefällten Lote $P'P_{12}$ usw., so daß mit ihrer Hilfe der Schrägriß der gesamten Grundrißtafel in Fig. 2 a eingetragen werden kann. Endlich bilden sich in Fig. 2 a die zu Π_1 senkrechten Projektionslote als scheitelrechte Geraden ab und die zu Π_2 senkrechten Projektionslote als Geraden von der Richtung, die den Schrägrissen von $P'P_{12}$ usw. zukommt. Die Schnittpunkte dieser beiden Gruppen von Geraden in Fig. 2 a liefern die Schrägrisse der Punkte des Raumes, für die in Fig. 2 b Grund- und Aufriß gegeben sind.

32. In der soeben geschilderten Weise können wir stets aus Grund- und Aufriß eines Körpers einen Schrägriß desselben konstruieren.

Jedoch ist dabei der Schrägriß des Grundrisses entbehrlich, weil wir den Körper mit seinem Aufriß durch die zugehörigen, ihrer Länge nach aus dem gegebenen Grundriß bekannten Projektionslote verbunden denken und somit den Aufriß als die Figur $\mathfrak{F}$ der Vorschrift von Nr. 14 verwenden können. In dieser Weise ist in Fig. 4 ein Schrägriß des durch Fig. 3 gegebenen Körpers gezeichnet. Wir merken uns also die folgende Vorschrift:

Um aus Grund- und Aufriß eines Körpers einen Schrägriß herzustellen, wählt man die Schrägrißtafel parallel zur Aufrißtafel und benutzt den Aufriß als die Figur $\mathfrak{F}$ des in Nr. 14 geschilderten Verfahrens. Die dabei gebrauchten Abstände der Punkte des Körpers von der Ebene der Figur $\mathfrak{F}$ sind gleich den Abständen der Grundrisse der Punkte von der Rißachse.

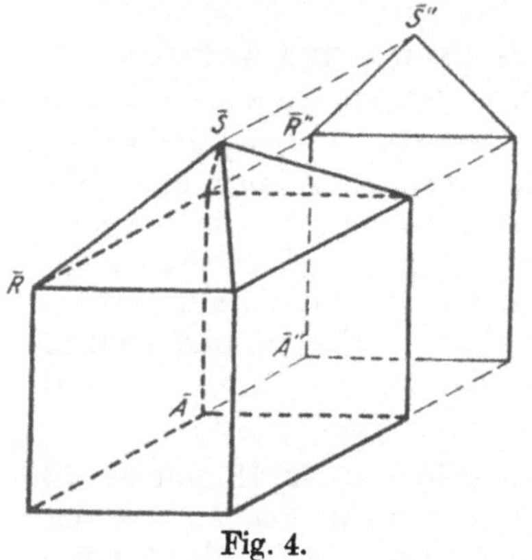

Fig. 4.

Die Entscheidung über die Sichtbarkeit der einzelnen Punkte und Kanten im Schrägriß hängt ab von der Richtung der Strecke $\overline{PQ}$; denn der Richtungssinn von $\overline{P}$ nach $\overline{Q}$ gibt nach Nr. 15 an, ob der vor dem Körper stehende Beschauer auf ihn von oben oder unten, von rechts oder links blickt. In Fig. 4 müssen wir uns deshalb den Beschauer rechts oben stehend denken; dann ist von den drei im Innern des scheinbaren Umrisses befindlichen Eckpunkten derjenige dem Beschauer zugekehrt, dessen Grundriß in Fig. 3 vorn rechts und dessen Aufriß oben rechts liegt, während die anderen beiden Eckpunkte, darunter A, verdeckt sind.

Schiebungen der Rißtafeln.

33. Unter einer *Schiebung einer Rißtafel* wollen wir eine solche Bewegung verstehen, bei der jeder Punkt der Tafel eine zu ihr senkrechte Strecke von einer für alle Punkte gleichen Länge d durchläuft; die Anfangs- und die Endlage der Tafel sind parallel. Halten wir den dargestellten Körper und die Richtung der Projektionsstrahlen fest, so bleibt auch das Prisma der Projektionsstrahlen, die durch die Punkte des Körpers gehen, ungeändert. Deshalb hat bei rechtwinkliger Projektion eine Schiebung der Rißtafel auf den Riß überhaupt keinen Einfluß, während bei schiefwinkliger Projektion der Riß in der Tafel *parallel verschoben* wird, d. h. so, daß er sich selbst kongruent und jede seiner Geraden ihrer alten Lage parallel bleibt.

Wenn wir also im räumlichen Zweitafelsystem die eine Tafel einer Schiebung unterwerfen, so bleiben beide Risse an sich ungeändert, aber die Rißachse behält nur in der bewegten Tafel ihre alte Lage und geht in der festen Tafel in eine Gerade über, die zu ihr parallel und von ihr um die Strecke d entfernt ist. Dies hat auf das zusammengeklappte Zweitafelsystem den Einfluß, daß der Riß der festen Tafel in der Richtung der Ordnungslinien um d parallel verschoben erscheint.

Umgekehrt setzt eine derartige Verschiebung eines Risses stets nur eine Schiebung der anderen Tafel des Zweitafelsystems voraus. Wie die Punkte des Risses ihre Entfernungen von der Rißachse sämtlich um dieselbe Strecke d verändern, so werden auch für die Punkte des dargestellten Körpers die Entfernungen von der verschobenen Tafel um d vergrößert oder verkleinert. Deshalb dürfen wir sagen:

Wird der Grundriß oder der Aufriß in der Richtung der Ordnungslinien parallel verschoben, so ändern sich die Abstände der Punkte des dargestellten Gegenstandes von der Aufriß- bzw. Grundrißtafel sämtlich um dieselbe Strecke.

34. Wenn wir im zusammengeklappten Zweitafelsystem die Risse ungeändert lassen und nur die Rißachse durch eine zu ihr parallele Gerade ersetzen, so hat dies dieselbe Wirkung, wie wenn wir beide Risse zugleich in der Richtung der Ordnungslinien um dieselbe Strecke d nach oben oder nach unten schieben, und bedeutet deshalb für das räumliche Zweitafelsystem eine Hebung oder Senkung der Grundrißtafel um die Strecke d und eine gleichzeitig ebenfalls um d erfolgende Verschiebung der Aufrißtafel nach hinten bzw. nach vorn. Also folgt:

Wird im zusammengeklappten Zweitafelsystem nur die Rißachse parallel mit sich selbst verschoben, so ändern sich die Abstände der Punkte des dargestellten Gegenstandes von den beiden Tafeln sämtlich um dieselbe Strecke.

Die Rißachse des räumlichen Zweitafelsystems nimmt als Schnittlinie der beiden Tafeln an ihren gleichzeitigen Bewegungen teil und *verschiebt sich* infolgedessen *in einer festen Ebene*, die unter einem Winkel von 45° nach vorn abfällt und deshalb stets (wie die Ebene $\varDelta$ in Fig. 33) die *Halbierungsebene des einen von den Tafeln gebildeten Scheitelwinkelpaares* ist.

Alle diese Veränderungen haben auf die Gestalten des dargestellten Körpers und seiner Risse keinen Einfluß. *Deshalb dürfen wir die in den letzten beiden Sätzen behandelten Verschiebungen ohne weiteres ausführen*, wenn die Zweckmäßigkeit, vor allem die bessere Ausnützung des für die Zeichnung vorhandenen Platzes es erfordert. Insbesondere aber werden wir sehen, daß bei vielen Aufgaben die Rißachse nur insofern von Bedeutung ist, als die zu ihr senkrechte Richtung diejenige der Ordnungslinien ist. *Wir brauchen daher die Rißachse meistens gar nicht anzugeben und können sie, wenn sie doch nötig wird, nachträglich an passender Stelle eintragen.*

An den Grundriß anschließender Seitenriß.

35. Aus Grund- und Aufriß eines Körpers können wir auch Ansichten ableiten, die durch rechtwinklige Projektion auf andere Tafeln entstehen und als *Seitenrisse* bezeichnet werden. Steht die *Seitenriß-tafel* Π_3 zur Grundrißtafel Π_1 längs der *Rißachse* a_{13} senkrecht, so legen wir Π_3 durch eine Drehung um a_{13} in Π_1 hinein und erhalten *einen an den Grundriß anschließenden Seitenriß*. Die Richtung von a_{13} ist maßgebend für die Ansicht, die der Seitenriß darbietet; eine Parallelverschiebung von a_{13} aber bedeutet nur eine Schiebung von Π_3 und ändert nach den Erörterungen von Nr. 33 nichts Wesentliches.

Sind in Fig. 5 a und Fig. 5 b[1]) P', P'', P''' Grund-, Auf- und Seitenriß eines Punktes P, so können wir für P' und P''' genau dieselben Beziehungen ableiten, die nach Nr. 24 bis 29 für P' und P'' bestehen. Es sind also in Fig. 5a $P_{13}P' \perp a_{13}$, $P_{13}P''' \perp a_{13}$, $P_{13}P' = P'''P$, $P_{13}P''' = P'P$. Hieraus folgt, da auch $P_{12}P'' = P'P$ ist, daß wir $P_{13}P''' = P_{12}P''$ haben. In Fig. 5 b tritt noch hinzu, daß

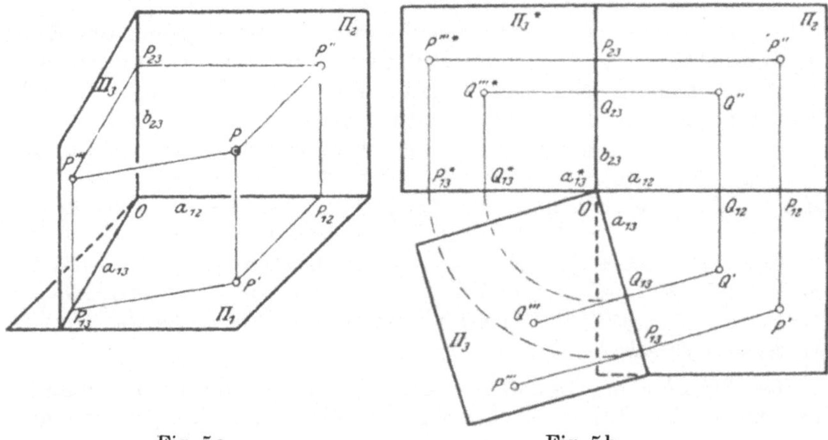

Fig. 5 a.   Fig. 5 b.

$P_{13}P'$ und $P_{13}P'''$ bei der Umlegung von Π_3 in eine zu a_{13} senkrechte Gerade hineinfallen, die wir ebenfalls Ordnungslinie nennen. Wir haben jetzt also zwei verschiedene Gruppen von Ordnungslinien und bezeichnen die zwischen Grund- und Aufriß verlaufenden als „*die Ordnungslinien* [1, 2]", die zwischen Grund- und Seitenriß verlaufenden als „*die Ordnungslinien* [1, 3]". Aus diesen Überlegungen ziehen wir die folgende Konstruktionsvorschrift:

Sind von einem Punkt P der Grundriß P' und der Aufriß P'' gegeben, so konstruiert man in dem Seitenriß, der sich mit der Rißachse a_{13} an den Grundriß anschließt, den Bildpunkt P''' dadurch, daß man durch P' die Ordnungslinie [1, 3] senkrecht zu a_{13} zieht und auf ihr von ihrem Schnittpunkt P_{13} mit a_{13} ausgehend die Strecke $P_{13}P''' = P_{12}P''$ abträgt.

36. Auf Grund dieser Vorschrift zeichnen wir in Fig. 6 zu den bereits in Fig. 3 gegebenen Rissen einen an den Grundriß anschließenden Seitenriß. Um auch für ihn eine folgerichtige Darstellung der

---

[1]) ohne die mit einem Stern (*) bezeichneten Teile.

Sichtbarkeit zu erhalten, bringen wir ihn durch eine Drehung des Zeichenblattes an die Stelle des Aufrisses und verfahren dann nach der in Nr. 30 gegebenen Regel.

Legen wir jetzt durch A'' die zu a_{12} parallele Gerade a_{12}^*, durch A''' die zu a_{13} parallele Gerade a_{13}^* und schneiden diese Geraden mit den Ordnungslinien $R'R''$, $S'S''$ in R_{12}^*, S_{12}^*, bzw. mit den Ordnungslinien $R'R'''$, $S'S'''$ in R_{13}^*, S_{13}^*, so haben wir

$$A_{12}A'' = A_{13}A''', \qquad R_{12}R'' = R_{13}R''', \qquad S_{12}S'' = S_{13}S''';$$
$$R_{12}^*R'' = R_{12}R'' - A_{12}A'', \qquad S_{12}^*S'' = S_{12}S'' - A_{12}A'';$$
$$R_{13}^*R''' = R_{13}R''' - A_{13}A''', \qquad S_{13}^*S''' = S_{13}S''' - A_{13}A'''$$

und folglich

$$R_{12}^*R'' = R_{13}^*R''', \qquad S_{12}^*S'' = S_{13}^*S'''$$

Diese Strecken können wir als *die in Richtung der Ordnungslinien* [1, 2] *bzw.* [1, 3] *gemessenen Abstandsunterschiede* der Punkte R und A und der Punkte S und A bezeichnen und erhalten damit den Satz:

Wird zu Grund- und Aufriß ein an den ersten anschließender Seitenriß hinzugefügt, so sind für je zwei Punkte die Abstandsunterschiede gleich, die im Aufriß in der Richtung der Ordnungslinien [1, 2] *und im Seitenriß in der Richtung der Ordnungslinien* [1, 3] *gemessen werden.*

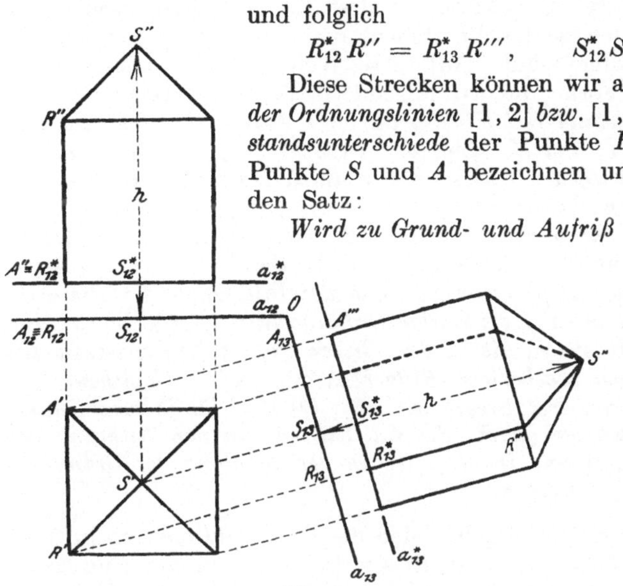

Fig. 6.

Was wir in Nr. 34 über die Verschiebung der Rißachse a_{12} gesagt haben, besteht auch für die Rißachse a_{13}. Wollen wir in Fig. 6 a_{12} und a_{13} durch andere, zu ihnen parallele Rißachsen ersetzen, so müssen auch für diese die Ergebnisse von Nr. 35 gelten. Dies ist der Fall, sobald die neuen Rißachsen in gleichen Abständen von den alten und auf entsprechenden Seiten derselben liegen. Also können wir auch a_{12}^* und a_{13}^* als zusammengehörige Rißachsen auffassen und erhalten dadurch den Satz:

Um zu Grund- und Aufriß eines Körpers einen an den ersten anschließenden Seitenriß zu zeichnen, braucht man bestimmte Rißachsen nicht von vornherein festzulegen. Vielmehr kann man den Seitenriß A''' eines Punktes A zuerst wählen und darauf nach der Vorschrift von Nr. 35 verfahren, indem man die Geraden, die durch A'' senkrecht zu $A'A''$ und durch A''' senkrecht zu $A'A'''$ laufen, als Rißachsen benutzt.

Eine Folge von drei Rissen.

37. Steht die Seitenrißtafel Π_3 längs der *Rißachse* a_{23} auf der Aufrißtafel Π_2 senkrecht, so drehen wir Π_3 um a_{23} in Π_2 hinein und erhalten *einen an den Aufriß anschließenden Seitenriß*. Wenn Π_3 sowohl auf Π_1 als auch auf Π_2 senkrecht steht, so nennt man den Seitenriß einen *Kreuzriß;* einen solchen kann man ebenso als einen an den Grundriß, wie als einen an den Aufriß anschließenden Seitenriß behandeln.

Die Sätze von Nr. 35 und Nr. 36 können wir auf diese Fälle mit leichter Änderung übertragen. Sie gelten überhaupt immer, wenn es sich um rechtwinklige Projektion auf drei Tafeln handelt, von denen zwei auf der dritten senkrecht stehen, die aber sonst ganz beliebig im Raume angeordnet sind. Auf diese Weise erhalten unsere Sätze eine allgemeinere Form, die wir folgendermaßen aussprechen:

Wird ein Gegenstand rechtwinklig auf drei Tafeln Π_α, Π_β, Π_γ projiziert, von denen Π_α und Π_γ längs den Rißachsen $a_{\alpha\beta}$ und $a_{\beta\gamma}$ auf Π_β senkrecht stehen, so legen wir diese Tafeln durch Drehungen um die Rißachsen in eine Ebene hinein und erhalten eine ,,Folge von drei Rissen" (α), (β), (γ). In ihr werden für jeden Punkt des dargestellten Gegenstandes die Bildpunkte der Risse (α) und (β) durch eine zu $a_{\alpha\beta}$ senkrechte Ordnungslinie $[\alpha, \beta]$ verbunden und die Bildpunkte der Risse (β) und (γ) durch eine zu $a_{\beta\gamma}$ senkrechte Ordnungslinie $[\beta, \gamma]$; dabei sind immer die Abstände gleich, die in den Rissen (α) und (γ) zwischen den Bildpunkten und den zugehörigen Rißachsen $a_{\alpha\beta}$ und $a_{\beta\gamma}$ bestehen.

In einer Folge von drei Rissen (α), (β), (γ) sind für je zwei Punkte die Abstandsunterschiede gleich, die im Riß (α) in der .Richtung der Ordnungslinien $[\alpha, \beta]$ und im Riß (γ) in der Richtung der Ordnungslinien $[\beta, \gamma]$ gemessen werden.

38. Aus diesen Sätzen ergeben sich die Konstruktionsvorschriften:

Sind in einer Folge von drei Rissen (α), (β), (γ) die Bildpunkte eines Punktes in (α) und (β) gegeben, so findet man den Bildpunkt in (γ) dadurch, daß man die Ordnungslinie $[\beta, \gamma]$ senkrecht zu der Rißachse $a_{\beta\gamma}$ zieht und auf ihr von ihrem Schnittpunkt mit $a_{\beta\gamma}$ ausgehend den Abstand aufträgt, den der Bildpunkt im Riß (α) von der Rißachse $a_{\alpha\beta}$ besitzt.

Wenn die Rißachsen nicht vorhanden sind, aber für einen Punkt A außer den Bildpunkten $A^{(\alpha)}$, $A^{(\beta)}$ in den ersten beiden Rissen auch der Bildpunkt $A^{(\gamma)}$ im Riß (γ), so verfährt man nach der soeben gegebenen Vorschrift, indem man die Geraden, die durch $A^{(\alpha)}$ senkrecht zu $A^{(\alpha)}A^{(\beta)}$ und durch $A^{(\gamma)}$ senkrecht zu $A^{(\beta)}A^{(\gamma)}$ laufen, als Rißachsen benutzt.

Um die Sichtbarkeit in solchen Rissen zu bestimmen, werden wir uns am einfachsten, wie wir es schon bei Fig. 6 in Nr. 36 getan haben, der für Grund- und Aufriß getroffenen Festsetzungen und der aus ihnen fließenden Regel von Nr. 30 bedienen. Wir erhalten dadurch die folgende Vorschrift:

*Um die Sichtbarkeit in zwei aneinander anschließenden Rissen zu
bestimmen, dreht man die Zeichnung so, daß die verknüpfenden Ordnungslinien in scheitelrechte Lage kommen, und benutzt die in Nr. 30
für Grund- und Aufriß angegebene Regel.*

39. Zur Erläuterung unserer Überlegungen diene die durch Fig. 7
veranschaulichte

Aufgabe: *Gegeben* sind der Grundriß (1) und der Aufriß (2) eines
Körpers. *Gesucht* sind ein an den Aufriß anschließender Seitenriß (3)
und ein wiederum an diesen anschließender weiterer Seitenriß (4).

Wir haben hier zwei Folgen von je drei Rissen, nämlich erstens
$\alpha = 1$, $\beta = 2$, $\gamma = 3$ und zweitens $\alpha = 2$, $\beta = 3$, $\gamma = 4$. Die erste

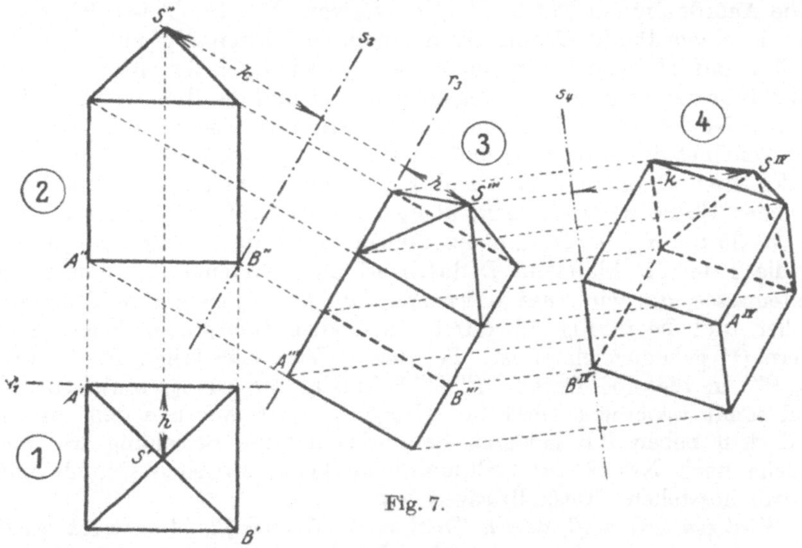

Fig. 7.

Folge führt zur Konstruktion des Risses (3): Wir ziehen durch die
Punkte des Aufrisses in geeigneter Richtung die Ordnungslinien [2, 3]
und wählen den dritten Riß eines beliebigen Punktes des Körpers,
etwa des Punktes A. Darauf benutzen wir die Geraden r_1 und r_3,
die durch A' senkrecht zu den Ordnungslinien [1, 2] und durch A'''
senkrecht zu den Ordnungslinien [2, 3] laufen, als die Rißachsen a_{12}
und a_{23} und suchen, wie es in Fig. 7 für den Punkt S angedeutet ist,
nach unserer Vorschrift die übrigen Punkte des Risses (3).

In genau derselben Weise konstruieren wir vermöge der zweiten
Folge den Riß (4). Aber wir werden dabei statt des Punktes A einen
anderen Punkt B nehmen und die Geraden s_2 und s_4, die durch B''
senkrecht zu den Ordnungslinien [2, 3] und durch B^{IV} senkrecht zu
den Ordnungslinien [3, 4] laufen, als die Rißachsen a_{23} und a_{34} benutzen. Es wirkt nämlich auf die Übersichtlichkeit der Konstruktion
vorteilhaft ein, wenn wir A und B so wählen, daß jeder der vier Risse

vollständig auf der einen Seite der für ihn in Frage kommenden Geraden r_1 oder s_2 oder r_3 oder s_4 liegt.

Als Genauigkeitsprobe verwenden wir die Tatsache, daß nach Nr. 7 die Risse paralleler Strecken parallel sind. Wir können aber auf Grund dieses Satzes auch manche Punkte der Risse (3) und (4) unmittelbar konstruieren, ohne auf die vorhergehenden Risse zurückgreifen zu müssen. Die Sichtbarkeit bestimmt sich nach der letzten Regel von Nr. 38.

Neben den Aufriß gelegter Seitenriß.

40. Wir betrachten wieder einen Seitenriß, dessen Tafel zu der Grundrißtafel senkrecht ist, und stellen uns nach Fig. 5a die räumliche Anordnung der Tafeln Π_1, Π_2, Π_3 vor. Die drei Tafeln begegnen sich in einem Punkt O, und die Schnittlinie b_{23} von Π_2 und Π_3 steht in ihm auf Π_1 und somit auch auf a_{12} und a_{13} senkrecht. Wenn P ein Punkt des dargestellten Gegenstandes ist und die Risse P', P'', P''' hat, so ist die durch $P''P$ und $P'''P$ bestimmte Ebene zu Π_1 parallel und zeichnet deshalb in Π_2 und Π_3 die zu b_{23} in demselben Punkt P_{23} senkrechten Geraden $P_{23}P''$ und $P_{23}P'''$ ein. Um nun die drei Risse in einer Ebene zu vereinigen, können wir die Tafel Π_3, statt sie wie in Nr. 35 um a_{13} in Π_1 hineinzudrehen, auch durch Drehung um b_{23} in die Tafel Π_2 klappen. Dadurch erhalten wir eine Anordnung des Seitenrisses, die wir *einen neben den Aufriß gelegten Seitenriß* nennen wollen und die in Fig. 5b durch einen allen Buchstaben beigefügten Stern (*) gekennzeichnet ist. Bei diesem Vorgange fallen $P_{23}P''$ und $P_{23}P'''$ in dieselbe Gerade $P''P'''$* hinein, die zu b_{23} senkrecht ist und somit wagerecht verläuft. Also haben wir zwischen dem Aufriß und dem neben ihn gelegten Seitenriß dieselbe Beziehung wie die, welche nach Nr. 28 die Ordnungslinien [1, 2] zwischen Grund- und Aufriß herstellen. Deshalb sagen wir:

Wird ein Seitenriß, dessen Tafel zu der Grundrißtafel senkrecht steht, neben den Aufriß gelegt, so werden der Aufriß und der Seitenriß desselben Punktes stets durch eine wagerechte Gerade verbunden, die wir eine „Nebenordnungslinie [2, 3]" nennen wollen.

Hieraus folgt sofort der Satz:
Wenn von einem Körper der Grundriß und ein neben den Aufriß gelegter Seitenriß gegeben sind, so ist für jeden Punkt P der Aufriß P'' bestimmt als Schnittpunkt der Ordnungslinie [1, 2] des Grundrisses P' und der Nebenordnungslinie [2, 3] des Seitenrisses P'''.*

41. Die Strecken $P_{23}P''$ und $P_{23}P'''$*, in die durch b_{23} die Nebenordnungslinie eines Punktes P zerlegt wird, sind nicht gleich den Abständen des Punktes P von den Tafeln Π_2 und Π_3. Deshalb drücken wir den Zusammenhang zwischen dem Grundriß und dem neben den Aufriß gelegten Seitenriß am besten durch die an Fig. 5b zu beobachtende Tatsache aus, *daß dieser Seitenriß aus dem an den Grundriß anschließenden Seitenriß durch eine Drehung hervorgeht*, die innerhalb des Zeichenblattes um den Schnittpunkt O der Rißachsen a_{12} und a_{13} stattfindet und a_{13} in die mit a_{12} zusammenfallende Lage a_{13}^* überführt.

Hiernach sind, wenn in Fig. 5 b ein zweiter Punkt Q die Risse Q', Q'', Q''', Q''''^* hat, $OP_{13}^* = OP_{13}$, $OQ_{13}^* = OQ_{13}$ und somit

$$P_{13}^* Q_{13}^* = P_{13} Q_{13} \, .$$

Es ist aber auch $OP_{13}^* = P_{23} P''''^*$, $OQ_{13}^* = Q_{23} Q''''^*$ und folglich $P_{13}^* Q_{13}^* = P_{23} P''''^* - Q_{23} Q''''^*$; d. h. $P_{13}^* Q_{13}^*$ ist der Abstandsunterschied, den wir für P und Q in dem neben den Aufriß gelegten Seitenriß in der Richtung der Nebenordnungslinien [2, 3] messen können. In ganz ähnlicher Weise ist $P_{13} Q_{13}$ der Abstandsunterschied, der für P und Q im Grundriß in der Richtung parallel zu a_{13} gemessen wird. Also folgt:

Wird ein Seitenriß, dessen Tafel auf der Grundrißtafel längs der Rißachse a_{13} senkrecht steht, neben den Aufriß gelegt, so sind für je zwei Punkte die Abstandsunterschiede gleich, die im Seitenriß in der Richtung der Nebenordnungslinien [2, 3] und im Grundriß in der zu a_{13} parallelen Richtung zu messen sind.

Nach diesem Satze brauchen wir auch bei dieser Anordnung der Risse die Geraden a_{12}, a_{13}, b_{23} nicht anzugeben; nur die Richtung von a_{13} muß bekannt sein. Ferner folgt aus der Verschiebbarkeit der Seitenrißtafel, *daß wir einen neben den Aufriß gelegten Seitenriß in der Richtung der Nebenordnungslinien beliebig verschieben dürfen.*

Drehung des Grundrisses.

42. Wenn von einem Körper Grund- und Aufriß in einer einfachen Stellung gegeben sind, ist es oft erwünscht, am Orte des Aufrisses eine andere Ansicht des Körpers zu haben. Dies können wir folgendermaßen erreichen: Wir zeichnen wie in Fig. 6 einen an den Grundriß anschließenden Seitenriß und drehen die ganze Figur in der Zeichenebene um den Schnittpunkt O der Rißachsen a_{12} und a_{13}, bis a_{13} wagerecht liegt; dann vertauschen wir die für Aufriß und Seitenriß üblichen Bezeichnungen und erhalten die voll ausgezogenen Risse in Fig. 8. Jedoch ist es für die Durchführung der Zeichnung einfacher, von vornherein die gegebenen Risse so um den Punkt O gedreht zu zeichnen, daß sie als Grundriß und an ihn anschließender Seitenriß erscheinen, und dann nach den Vorschriften von Nr. 38 — mit $\alpha = 3$, $\beta = 1$, $\gamma = 2$ — den zugehörigen Aufriß zu konstruieren. Statt dessen können wir auch den Grundriß allein um den Punkt O drehen, den gegebenen Aufriß in seiner natürlichen Stellung, wie den strichpunktierten Riß in Fig. 8, als neben den gesuchten Aufriß gelegten Seitenriß hinzufügen und nach dem letzten Satz von Nr. 40 den Aufriß herstellen. Wegen der Verschiebbarkeit der Risse und der Rißachsen ist der Ort des Punktes O ohne Einfluß auf die Gestalt des neuen Aufrisses; vielmehr hängt diese nur von dem Drehungswinkel ω ab. Deshalb sagen wir:

Sind von einem Körper Grund- und Aufriß gegeben, und soll der Aufriß gezeichnet werden, der zu einer gedrehten Stellung des Grundrisses gehört, so zeichnet man den Grundriß um den gegebenen Winkel ω gedreht, fügt zu ihm den gegebenen Aufriß entweder als anschließenden Seitenriß oder als neben den Aufriß gelegten Seitenriß hinzu und konstruiert aus diesen beiden Rissen nach den Vorschriften von Nr. 38 bzw. von Nr. 40 den gesuchten Aufriß.

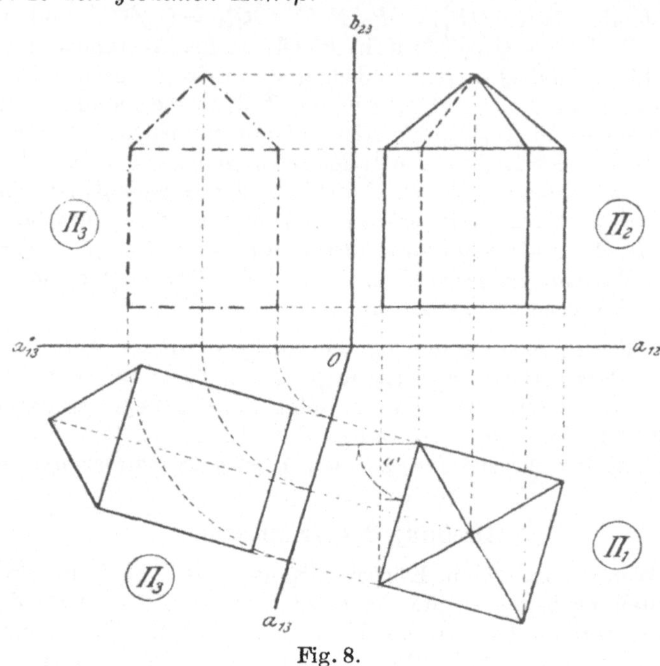

Fig. 8.

III. Geraden und Ebenen im rechtwinkligen Zweitafelsystem.

Die Gerade.

43. Eine Gerade g, die nicht zu der Grundrißtafel Π_1 oder zu der Aufrißtafel Π_2 senkrecht ist, besitzt nach Nr. 5 einen Grundriß g' und einen Aufriß g'', die gerade Linien sind. Die projizierenden Ebenen von g, $\Gamma_1 \equiv (g\,g')$ und $\Gamma_2 \equiv (g\,g'')$, stehen bzw. auf Π_1 und auf Π_2 senkrecht.

Wir nehmen nun im zusammengeklappten Zweitafelsystem eine Gerade g' in Π_1 und eine Gerade g'' in Π_2 beliebig an, gehen in das räumliche Zweitafelsystem über und errichten längs g' die auf Π_1 senkrechte Ebene Γ_1 und längs g'' die auf Π_2 senkrechte Ebene Γ_2. Dann hat die Schnittlinie g von Γ_1 und Γ_2 die gegebenen Geraden g' und g'' als Grund- und Aufriß. g ist nicht bestimmt, wenn Γ_1 und Γ_2

zusammenfallen, und überhaupt nicht vorhanden, wenn Γ_1 und Γ_2 parallel sind; da in beiden Fällen Γ_1 auch auf Π_2 und Γ_2 auch auf Π_1 senkrecht stehen müssen, können sie nur eintreten, wenn g' und g'' die Rißachse a_{12} in demselben oder in verschiedenen Punkten rechtwinklig schneiden. Also folgt der Satz:

Im zusammengeklappten Zweitafelsystem bestimmen zwei Geraden g' und g'' — außer wenn sie beide Ordnungslinien sind — eindeutig eine Gerade g, deren Grund- und Aufriß sie sind.

44. Wenn die Rißachse a_{12} angegeben ist, können wir auch die Spurpunkte einer durch ihre Risse g', g'' bestimmten Geraden g auffinden. Der erste Spurpunkt G_1 ist der Schnittpunkt von g mit der Grundrißtafel Π_1; er fällt mit seinem Grundriß G_1' zusammen und liegt nach Nr. 5 auf g'; sein Aufriß G_1'' liegt auf g'' und zugleich nach Nr. 25 auf a_{12}. G_1'' ist also der Schnittpunkt zwischen g'' und a_{12} und $G_1' \equiv G_1$ der Schnittpunkt zwischen g' und der Ordnungslinie von G_1''. Da das Entsprechende für G_2 gilt, erhalten wir den Satz:

Die Spurpunkte einer Geraden werden in ihre Risse durch die Ordnungslinien eingezeichnet, die durch die Schnittpunkte zwischen der Rißachse und den Rissen der Geraden laufen:

Sind umgekehrt die Spurpunkte G_1, G_2 gegeben, so sind $G_1' \equiv G_1$, $G_2'' \equiv G_2$ und bestimmen sich G_1'', G_2' als Schnittpunkte von a_{12} mit den durch G_1', G_2'' gelegten Ordnungslinien. Damit aber besitzen wir die Risse $g' \equiv G_1'G_2'$ und $g'' \equiv G_1''G_2''$ der Geraden g.

Wenn g zu Π_1 parallel ist, so fehlt der erste Spurpunkt G_1 und somit auch sein Aufriß G_1'', in dem sich im allgemeinen Falle g'' und a_{12} begegnen. Also müssen a_{12} und g'' parallel sein; in der Tat ist unter dieser Voraussetzung die zweite projizierende Ebene Γ_2 von g zu Π_1 und somit g'' zu a_{12} parallel. Deshalb folgt:

Eine wagerechte Gerade besitzt keinen ersten Spurpunkt; ihr Aufriß ist ebenfalls wagerecht.

Ganz ebenso ergibt sich:

Eine zur Aufrißtafel parallele Gerade besitzt keinen zweiten Spurpunkt; ihr Grundriß verläuft im (zusammengeklappten) Zweitafelsystem wagerecht.

Die Strecke.

45. Eine Strecke AB ist durch ihren Grundriß $A'B'$ und ihren Aufriß $A''B''$ bestimmt, da dasselbe für ihre Endpunkte gilt. Es dürfen dabei auch $A'B'$ und $A''B''$ in derselben Ordnungslinie liegen.

Wir ziehen nun in der ersten projizierenden Ebene der Geraden AB durch A die Parallele zu $A'B'$ und schneiden sie mit dem Projektionslot BB' in C. Der Grundriß C' von C fällt (Fig. 9) mit B' zusammen. Der Aufriß der Geraden AC verläuft, da sie auch zu Π_1 parallel ist, wagerecht durch A'' und schneidet in die Ordnungslinie $B'B''$ den

Aufriß C'' ein. Das Dreieck ABC ist bei C rechtwinklig und hat die Strecke AB selbst zur Hypotenuse. Von seinen Katheten ist die eine, da das Viereck $ACB'A'$ ein Rechteck und somit $AC = A'B'$ ist, gleich dem Grundriß von AB und die andere, da BC zur Tafel II_2 parallel und somit nach Nr. 9 $B''C'' = BC$ ist, gleich dem Abstandsunterschied der Punkte A und B, der im Aufriß in der Richtung der Ordnungslinien [1, 2] zu messen ist. Da wir genau dieselben Untersuchungen an den Aufriß $A''B''$ anknüpfen können, sagen wir:

Ist eine Strecke AB durch ihre beiden Risse gegeben, so ist ihre wahre Länge die Hypotenuse eines rechtwinkligen Dreiecks, dessen eine Kathete gleich dem Riß von AB in der einen Tafel und dessen zweite Kathete gleich dem Abstandsunterschied ist, der für die Endpunkte A, B in der anderen Tafel in der Richtung der Ordnungslinien [1, 2] gemessen wird.

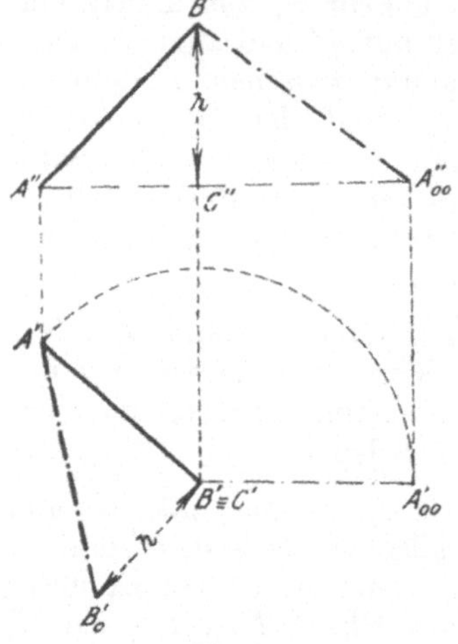
Fig. 9.

46. *Ist im zusammengeklappten Zweitafelsystem eine Strecke AB durch ihre Risse gegeben, so kann man ihre wahre Länge nach dem Satz von Nr. 45 konstruieren, indem man die Risse des Punktes C so bestimmt, daß $C' \equiv B'$ und $A''C''$ wagerecht ist, und darauf ein dem Dreieck ABC kongruentes Dreieck herstellt.* Für dasselbe sind (Fig. 9) zwei Anordnungen möglich:

Erstens: Wir errichten in B' das Lot zu $A'B'$ und tragen auf ihm die Strecke $B'B_0' = C''B''$ ab. Dann ist $\triangle A'B_0'B' \cong \triangle ABC$ und $A'B_0' = AB$. Diese Anordnung können wir uns dadurch entstanden denken, daß das Dreieck ABC um seine wagerechte Kathete AC in die wagerechte Lage AB_0C gedreht worden ist; dann ist $\triangle A'B_0'B'$ sein Grundriß und ihm nach Nr. 10 kongruent.

Zweitens: Wir tragen auf der Geraden $A''C''$ von C'' aus die Strecke $C''A_{00}'' = A'B'$ ab und haben $\triangle A_{00}''B''C'' \cong \triangle ABC$ und $A_{00}''B'' = AB$. Diese Anordnung entsteht dadurch, daß wir das Dreieck ABC um BC in die zu II_2 parallele Lage $A_{00}BC$ drehen; dann ist $\triangle A_{00}''B''C''$ sein Aufriß und ihm nach Nr. 10 kongruent. Der Grundriß des Dreiecks $A_{00}BC$ ist, da $B' \equiv C'$ und $A_{00}B$ wagerecht ist, eine wagerechte Strecke $B'A_{00}'$, die gleich $A_{00}B$, also gleich $A'B'$ ist. *Deshalb können wir die Strecke $A_{00}''B''$ auch so konstruieren, daß wir $A'B'$ um B' in die wagerechte Lage $A_{00}'B'$ drehen und den Punkt A_{00}'' in die durch A'' gelegte Wagerechte durch die Ordnungslinie von A_{00}' einschneiden.*

47. In dem rechtwinkligen Dreieck ABC finden wir auch den Neigungswinkel γ_1 der Geraden AB gegen die Grundrißtafel II_1; da nämlich die Ebene ABC zu II_1 senkrecht und AC zu II_1 parallel ist, haben wir $\gamma_1 = \sphericalangle CAB$. Deshalb ist in Fig. 9 $\gamma_1 = \sphericalangle B'A'B_0' = \sphericalangle C''A_{00}'' B''$ und das ergibt den — leicht auf den Neigungswinkel gegen die Aufrißtafel zu übertragenden — Satz:

Der Neigungswinkel einer Strecke AB gegen die Grundrißtafel liegt in dem rechtwinkligen Dreieck, das zur Bestimmung der wahren Länge von AB dient, an der Kathete, die dem Grundriß A'B' gleich ist.

Deshalb ist $\cos\gamma_1 = \dfrac{A'B'}{AB}$ und $A'B' = AB\cos\gamma_1$. Da dieselben Schlüsse stets zu machen sind, wenn eine Strecke rechtwinklig auf irgendeine Tafel projiziert wird, folgt der allgemeine Satz:

Bei rechtwinkliger Projektion ist der Riß einer Strecke gleich der Strecke multipliziert mit dem Kosinus ihres Neigungswinkels gegen die Rißtafel. Er ist niemals größer als die Strecke selbst.

Dieser Satz behält seine Richtigkeit auch, wenn wir innerhalb der Zeichenebene eine Strecke AB auf eine Gerade g dadurch projizieren, daß wir aus A und B die Lote $A\overline{A}$ und $B\overline{B}$ auf g fällen. Deshalb erhalten wir die Konstruktionsvorschrift:

Eine gegebene Strecke multipliziert man mit dem Kosinus eines gegebenen Winkels, indem man eine ihr gleiche Strecke auf den einen Schenkel des Winkels aufträgt und auf den anderen Schenkel rechtwinklig projiziert.

Zwei Geraden.

48. Für die gegenseitige Lage zweier Geraden g und l bestehen im Raume drei Möglichkeiten. Der allgemeine Fall ist, daß g und l sich nicht schneiden und nicht in einer Ebene liegen; dann heißen sie *windschief* oder *sich kreuzend*. Die beiden besonderen Fälle sind die, daß g und l in einer Ebene liegen und sich entweder schneiden oder parallel sind.

Sind im zusammengeklappten Zweitafelsystem zwei Geraden g und l durch ihre Risse gegeben, so sind nach Nr. 7 $g' \parallel l'$, $g'' \parallel l''$, wenn $g \parallel l$ ist. Aber auch der umgekehrte Schluß ist richtig; denn wenn wir in das räumliche Zweitafelsystem übergehen und durch g', l' die zu Π_1 senkrechten Ebenen Γ_1, Λ_1 und durch g'', l'' die zu Π_2 senkrechten Ebenen Γ_2, Λ_2 legen, so folgt aus der Voraussetzung $g' \parallel l'$, $g'' \parallel l''$, daß auch $\Gamma_1 \parallel \Lambda_1$, $\Gamma_2 \parallel \Lambda_2$, und hieraus wieder, daß g und l als Schnittgeraden von Γ_1 und Γ_2 und von Λ_1 und Λ_2 parallel sind. Dieser Schluß ist nur dann unmöglich, wenn g und l durch ihre Risse nicht bestimmt sind, d. h. nach Nr. 43, wenn die Risse Ordnungslinien sind. Also folgt:

Zwei Geraden, deren Risse nicht in Ordnungslinien fallen, sind immer dann und nur dann parallel, wenn ihre gleichnamigen Risse parallel sind.

49. Wenn hingegen g und l einen Schnittpunkt S besitzen, so kann sein Grundriß S' nur der Schnittpunkt von g' und l' und sein

Aufriß S'' nur der Schnittpunkt von g'' und l'' sein, und ferner müssen S' und S'' auf derselben Ordnungslinie liegen. Also folgt der Satz:

Zwei Geraden schneiden sich immer dann und nur dann, wenn der Schnittpunkt ihrer Grundrisse und der Schnittpunkt ihrer Aufrisse derselben Ordnungslinie angehören. Diese beiden Punkte sind die Risse des Schnittpunktes der beiden Geraden.

Es kann vorkommen, daß g' mit l' zusammenfällt. Dann haben g und l dieselbe erste projizierende Ebene und schneiden sich, wenn sie nicht zufällig parallel sind. Im ersten Fall ist S'' der Schnittpunkt von g'' und l'', während S' durch die Ordnungslinie von S'' auf $g' \equiv l'$ bestimmt wird. Im zweiten Fall muß $g'' \parallel l''$ sein. Dieselben Schlüsse können wir auch nach Vertauschung von Grund- und Aufriß ziehen und kommen, wenn wir diese Vertauschung durch die in Klammern gesetzten Worte andeuten, zu dem Satz:

Zwei Geraden, deren Grundrisse (Aufrisse) zusammenfallen und deren Aufrisse (Grundrisse) nicht parallel sind, schneiden sich in einem Punkt,

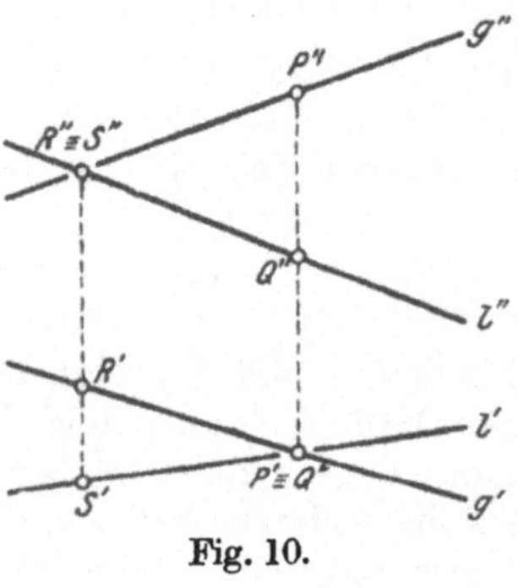

der bestimmt ist durch den Schnittpunkt ihrer Aufrisse (Grundrisse) und den auf derselben Ordnungslinie liegenden Punkt der vereinigten Grundrisse (Aufrisse).

50. Wenn g und l — wie in Fig. 10 — Grund- und Aufrisse haben, für die keine der in Nr. 48 und Nr. 49 gemachten Voraussetzungen zutrifft, so sind sie windschief. Dann ist der Schnittpunkt von g' und l' der gemeinsame Grundriß $P' \equiv Q'$ eines Punktes P von g und eines Punktes Q von l, deren Aufrisse durch dieselbe Ordnungslinie in g'' und l'' eingezeichnet werden.

Fig. 10.

Da also P und Q auf demselben Lot zur Grundrißtafel Π_1 liegen, gibt es unter den sämtlichen zu Π_1 senkrechten Projektionsstrahlen gerade einen, der sowohl g als auch l schneidet. Blicken wir auf g und l von oben herab aus so weiter Ferne, daß die Sehstrahlen mit den Projektionsstrahlen übereinstimmen, so fallen die Punkte P und Q scheinbar zusammen. Deshalb nennen wir den Punkt $P' \equiv Q'$ *den scheinbaren Grundriß-Schnittpunkt der beiden windschiefen Geraden.*

An dieser Stelle wird offenbar l von g verdeckt, wenn P höher liegt als Q, d. h. wenn P'' höher liegt als Q''. Also ergibt sich die folgende Regel, die für die Ermittlung der Sichtbarkeit im Grundriß wichtig ist:

Von zwei windschiefen Geraden läuft diejenige über der anderen hinweg, deren Aufriß die Ordnungslinie des scheinbaren Grundriß-Schnittpunktes in dem höher gelegenen Punkte trifft.

Dieselben Überlegungen führen zu einem *scheinbaren Aufriß-Schnittpunkte* zweier windschiefen Geraden. Hierbei ist aber für die

Sichtbarkeit an Stelle der höheren Lage maßgebend die Lage weiter vorn, und dieser entspricht im Grundriß des zusammengeklappten Zweitafelsystems die Lage weiter unten. Also folgt die Regel:

Von zwei windschiefen Geraden läuft diejenige vor der anderen vorbei, deren Grundriß die Ordnungslinie des scheinbaren Aufriß-Schnittpunktes in dem tiefer gelegenen Punkte trifft.

Es kann auch vorkommen, daß die Grundrisse oder die Aufrisse zweier windschiefen Geraden parallel sind. Dann fehlt der entsprechende scheinbare Schnittpunkt, und die Geraden sind für den Grundriß oder für den Aufriß *scheinbar parallel*.

Der Winkel.

51. Die Größe eines Winkels steht auch bei rechtwinkliger Projektion zu der Größe seines Risses nicht in einer so einfachen Beziehung, wie wir sie in Nr. 47 für die Strecke gefunden haben. Abgesehen von dem Fall, daß die Ebene des Winkels der Rißtafel parallel und somit nach Nr. 10 der Winkel seinem Riß gleich ist, können wir eine bestimmte Aussage nur über einen rechten Winkel machen, der einen zur Rißtafel parallelen Schenkel besitzt.

g und l seien zwei Geraden, die sich in einem Punkt S rechtwinklig schneiden, und g sei der Grundrißtafel Π_1 parallel. Dann ist g zu allen ersten Projektionsloten senkrecht, also auch zu SS' und somit zu der ersten projizierenden Ebene Λ_1 von l, die durch l und SS' bestimmt ist. Hieraus folgt, daß die erste projizierende Ebene Γ_1 von g auf Λ_1 senkrecht steht. Deshalb bilden die Grundrisse g' und l', die durch Γ_1 und Λ_1 in die zu beiden senkrechte Tafel Π_1 eingezeichnet werden, einen rechten Winkel. Da diese Schlüsse nur möglich sind, wenn $g \parallel \Pi_1$, und da wir sie für die rechtwinklige Projektion auf irgendeine Tafel wiederholen können, ergibt sich der Satz:

Bei rechtwinkliger Projektion stehen die Risse zweier sich rechtwinklig schneidenden Geraden dann und nur dann aufeinander senkrecht, wenn mindestens die eine der beiden Geraden zu der Rißtafel parallel ist.

Der Satz gilt auch für windschiefe Geraden. Umgekehrt steht l auf g senkrecht, sobald g zu der Tafel parallel ist und die Risse von g und l einen rechten Winkel bilden.

52. Wenn sich g und l in S nicht rechtwinklig schneiden, aber g zu Π_1 parallel ist, fällen wir aus einem Punkt Q von l das Lot QR auf g. Nach dem vorigen Satz ist der Grundriß des bei R rechtwinkligen Dreiecks QRS ein bei R' rechtwinkliges Dreieck $Q'R'S'$. Dabei ist der eine spitze Winkel zwischen g und l der Dreieckswinkel $\sphericalangle RSQ$ und sein Riß der Dreieckswinkel $\sphericalangle R'S'Q'$; nach Nr. 47 ist

$$QR > Q'R', \quad RS = R'S', \quad \text{also } \frac{QR}{RS} > \frac{Q'R'}{R'S'} \quad \text{oder} \quad \operatorname{tg} RSQ > \operatorname{tg} R'S'Q'$$

und, da es sich um spitze Winkel handelt, $\sphericalangle RSQ > \sphericalangle R'S'Q'$. Dagegen ist jeder der beiden stumpfen Winkel zwischen g und l gleich $180° - \sphericalangle RSQ$ und sein Riß gleich $180° - \sphericalangle R'S'Q'$; hier ist, da $180° - \sphericalangle RSQ < 180° - \sphericalangle R'S'Q'$, der Winkel kleiner als sein Riß. Also finden wir den Satz:

Bei rechtwinkliger Projektion ist ein Winkel, der einen zur Rißtafel parallelen Schenkel besitzt, größer als sein Riß, wenn er spitz ist, gleich seinem Riß, wenn er ein rechter ist, und kleiner als sein Riß, wenn er stumpf ist.

Ebene Figuren.

53. Nur wenn eine Ebene zu einer der beiden Tafeln senkrecht steht, fallen nach Nr. 11 in dieser Tafel die Risse aller ihrer Punkte in eine Gerade, die Spur der Ebene, hinein. Deshalb gilt der Satz:

Eine Figur, deren Grundriß oder Aufriß vollständig in einer Geraden enthalten ist, ist eben.

Abgesehen von diesem Falle lassen nur besonders einfache Figuren es ohne weiteres an ihren Rissen erkennen, daß sie eben sind. Eine solche Figur ist das Dreieck, weil es stets eine Ebene bestimmt, in der es enthalten ist. Auch das Parallelogramm ist eine solche Figur; denn ein Viereck, dessen Risse Parallelogramme sind, ist nach Nr. 48 selbst ein Parallelogramm, und ein solches liegt stets in einer Ebene. *Wenn wir also die Risse einer ebenen Figur angeben wollen, so dürfen wir nur diejenigen eines zu ihr gehörigen Dreiecks oder Parallelogramms willkürlich wählen* — selbstverständlich unter Wahrung des Gesetzes der Ordnungslinien (Nr. 29) —; hingegen müssen die Risse der übrigen Punkte und Geraden gewisse Bedingungen erfüllen, damit sie in der Ebene des Dreiecks oder Parallelogramms liegen.

Die Ebene eines Dreiecks oder Parallelogramms ist bereits durch zwei Seiten desselben, d. h. durch zwei sich schneidende oder einander parallele Geraden völlig festgelegt. *Deshalb bestimmen wir eine Ebene immer durch die Risse von zwei Geraden, die einen Schnittpunkt besitzen oder parallel sind. Aber wir behalten uns vor, an ihrer Stelle die Risse von anderen Geraden der Ebene zu benützen, wenn sich dies im Verlaufe der Konstruktion als zweckmäßig herausstellt.*

54. Ist eine Ebene E durch die Risse zweier Geraden a und b bestimmt, so müssen entweder die Schnittpunkte von a', b' und von a'', b'' in derselben Ordnungslinie liegen oder a' zu b' und a'' zu b'' parallel sein. Eine dritte, in E enthaltene Gerade g schneidet entweder a und b — oder sie schneidet nur die eine, etwa a, und ist zu der anderen, also b, parallel — oder sie ist zu a und b parallel. Nach den Sätzen von Nr. 48 und Nr. 49 treten die ersten beiden Möglichkeiten immer dann und nur dann ein, wenn die Schnittpunkte von a', g' und von a'', g'' in derselben Ordnungslinie liegen und wenn entweder für die Schnittpunkte von b', g' und von b'', g'' dasselbe gilt oder g' zu b' und g'' zu b'' parallel ist. Sind aber, wie es bei der dritten

Möglichkeit eintritt, $a' \parallel b' \parallel g'$ und $a'' \parallel b'' \parallel g''$, so können wir hieraus nicht schließen, daß g in E enthalten ist; aber wir dürfen ja a und b durch Geraden von E ersetzen, die nicht zu g parallel sind, und brauchen deshalb nur die ersten beiden Möglichkeiten im Auge zu behalten. Hieraus ergibt sich die Vorschrift:

Ist eine Ebene durch die Risse zweier Geraden a, b bestimmt, so darf von einer dritten Geraden g der Ebene nur der eine Riß willkürlich gegeben werden. Wenn dies etwa der Grundriß g' ist, so konstruiert man den Aufriß g'', indem man die Schnittpunkte von g' mit a' und b' durch Ordnungslinien auf a'' und b'' überträgt und die gewonnenen Punkte verbindet oder, falls $g' \parallel b'$ und nur der erste jener Punkte vorhanden ist, durch diesen die Parallele zu b'' zieht.

55. Ebenso dürfen wir auch von einem Punkt der Ebene, die durch a, b bestimmt ist, nur den einen Riß willkürlich wählen und kommen dadurch zu der

Aufgabe: *Gegeben* ist eine Ebene durch die Risse zweier Geraden a, b und der eine Riß eines in ihr enthaltenen Punktes P. *Gesucht* ist der andere Riß des Punktes P.

Wir lösen sie folgendermaßen: Ist etwa (Fig. 11) der Grundriß P' des Punktes gegeben, so ziehen wir durch ihn eine beliebige Gerade, fassen sie als den Grundriß g' einer in der Ebene verlaufenden Geraden auf, konstruieren nach der Vorschrift von Nr. 54 den Aufriß g'' und schneiden diesen mit der durch P' gehenden Ordnungslinie. Der Schnittpunkt ist der gesuchte Aufriß P''

Eine Erweiterung dieser Aufgabe ist die folgende

Aufgabe: *Gegeben* sind der vollständige Grundriß eines ebenen Vielecks und die Aufrisse von drei seiner Ecken A, B, C. *Gesucht* ist der Aufriß des Vielecks.

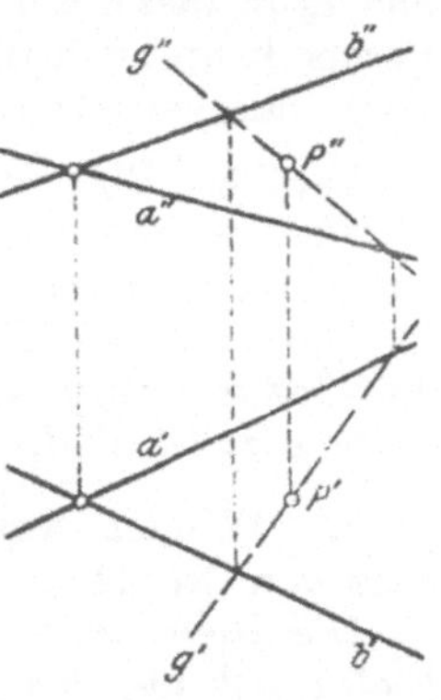

Fig. 11.

Für ihre Lösung bestimmen wir die Ebene des Vielecks durch zwei Seiten des Dreiecks ABC und benützen als Hilfsgeraden g vor allem die Seiten und Diagonalen des Vielecks selbst. Dabei ergeben sich zwischen den beiden Rissen derselben ebenen Figur gesetzmäßige Zusammenhänge, die später (Nr. 128) näher untersucht werden sollen. Wichtig ist schon jetzt, daß wegen dieser Zusammenhänge jeder Punkt des Aufrisses in mehrfacher Weise konstruiert werden kann; denn dadurch ergibt sich *die Möglichkeit, Genauigkeitsproben anzustellen und ungenaue Bestimmungen*[1] *zu vermeiden.*

---

[1]) Ein Punkt S ist als Schnittpunkt zweier Geraden g, h ungenau bestimmt, sobald g und h einen sehr spitzen Winkel bilden (*schleifender Schnitt*); jedoch läßt sich durch S eine Gerade, die in dem spitzen Winkel von g und h verläuft, mit genügender Genauigkeit ziehen. Eine Gerade ist durch zwei Punkte P, Q ungenau bestimmt, wenn P und Q sehr nahe aneinander liegen; jedoch besitzen die Punkte der Strecke PQ selbst eine ausreichende Genauigkeit. Sehr gut ist eine Gerade bestimmt durch einen Punkt und eine andere Gerade, zu der sie parallel sein soll.

Spuren und Hauptlinien einer Ebene.

56. Ist eine feste Lage der Tafeln dadurch gewählt, daß die Rißachse a_{12} angegeben worden ist, so bieten sich zur Bestimmung einer Ebene E die Spuren e_1, e_2 dar, in denen sie die Tafeln durchsetzt. Da a_{12}, e_1, e_2 die Schnittlinien dreier Ebenen sind, ergibt sich sofort der Satz:

Grund- und Aufrißspur einer Ebene begegnen sich in einem Punkt der Rißachse oder sind derselben parallel.

Umgekehrt bestimmen zwei Geraden e_1, e_2 dieser Art im räumlichen Zweitafelsystem stets eine Ebene E, deren Spuren sie sind; nur wenn e_1 und e_2 sich in a_{12} vereinigen, kann nichts weiteres geschlossen werden, als daß E durch a_{12} geht. Diese Bemerkungen bleiben auch im zusammengeklappten Zweitafelsystem richtig; in ihm können sogar e_1 und e_2 in dieselbe Gerade fallen, wofern diese von a_{12} verschieden ist. Ferner kann auch die eine Spur fehlen, nämlich wenn E zu der einen Tafel parallel ist; dann ist die vorhandene Spur zu a_{12} parallel.

Parallele Ebenen werden von jeder der beiden Tafeln in parallelen Geraden geschnitten. Das ist aber auch bei Ebenen der Fall, die der Rißachse, aber nicht einander parallel sind. Also folgt der Satz:

Bei parallelen Ebenen sind die gleichnamigen Spuren parallel. Der umgekehrte Schluß ist nur zwingend, wenn die Spuren nicht der Rißachse parallel sind.

57. Wenden wir auf die in E verlaufenden Geraden den ersten Satz von Nr. 11 an, so folgt:

Die Spurpunkte aller Geraden, die in einer Ebene enthalten sind, finden sich auf den gleichnamigen Spuren der Ebene.

Der Grundriß von e_1 fällt mit e_1 selbst, der Aufriß mit a_{12} zusammen. Deshalb sind (Fig. 12) für jede Gerade g von E der Schnittpunkt zwischen e_1 und dem Grundriß g' und der Schnittpunkt zwischen a_{12} und dem Aufriß g'' die Risse des ersten Spurpunktes G_1 und liegen in einer Ordnungslinie. Das Entsprechende ergibt sich für den zweiten Spurpunkt G_2. Mithin gilt der Satz:

Liegt eine Gerade in einer Ebene, so gehören der Schnittpunkt jedes ihrer Risse mit der gleichnamigen Spur der Ebene und der Schnittpunkt des anderen Risses mit der Rißachse stets derselben Ordnungslinie an.

Es brauchen aber nicht beide Spurpunkte vorhanden zu sein. Ist t eine zu Π_1 parallele Gerade der Ebene E, so besitzt sie (Fig. 12) nach Nr. 11 und Nr. 44 keinen ersten Spurpunkt, sondern einen zu e_1 parallelen Grundriß t' und einen wagerechten Aufriß t'' Eine solche Gerade bezeichnen wir als eine *erste Hauptlinie* von E und finden auch in entsprechender Weise *zweite Hauptlinien*. Für Hauptlinien nimmt unser letzter Satz die folgende Gestalt an:

Bei einer Hauptlinie einer Ebene fehlt der gleichnamige Spurpunkt, während für den anderen Spurpunkt der letzte Satz bestehen bleibt. Der

Grundriß einer ersten Hauptlinie ist der Grundrißspur und der Aufriß einer zweiten Hauptlinie der Aufrißspur der Ebene parallel. Der jeweilige andere Riß ist wagerecht.

58. Die Sätze von Nr. 57 sind der Ausdruck der Vorschrift von Nr. 54 für den Fall, daß zur Bestimmung einer Ebene E statt der beliebigen Geraden a, b ihre Spuren e_1, e_2 benutzt werden. Sie lehren uns für alle möglichen Lagen der gegebenen Stücke die Lösung der

Aufgabe: *Gegeben* sind die Spuren einer Ebene und der eine Riß einer in ihr enthaltenen Geraden. *Gesucht* ist der andere Riß der Geraden.

Auf diese wiederum gründen wir, wie es ähnlich bei der ersten Aufgabe in Nr. 55 geschehen ist, die Lösung der

Aufgabe: *Gegeben* sind die Spuren einer Ebene und der eine Riß eines in ihr enthaltenen Punktes. *Gesucht* ist der andere Riß des Punktes.

Ist nämlich etwa der Grundriß P' gegeben, so legen wir durch ihn (Fig. 12) eine beliebige Gerade g', konstruieren nach der vorigen Aufgabe den zu g' gehörigen Aufriß g'' und schneiden in ihn durch die Ordnungslinie von P' den gesuchten Aufriß P'' ein. An Stelle der beliebigen Geraden g' nehmen wir mit Vorteil die durch P' laufende Parallele t' von e_1 oder die durch P' laufende wagerechte Gerade u'; wir benutzen also eine erste oder zweite Hauptlinie, die oft auch sonst noch im weiteren Verlaufe der Konstruktion gebraucht werden.

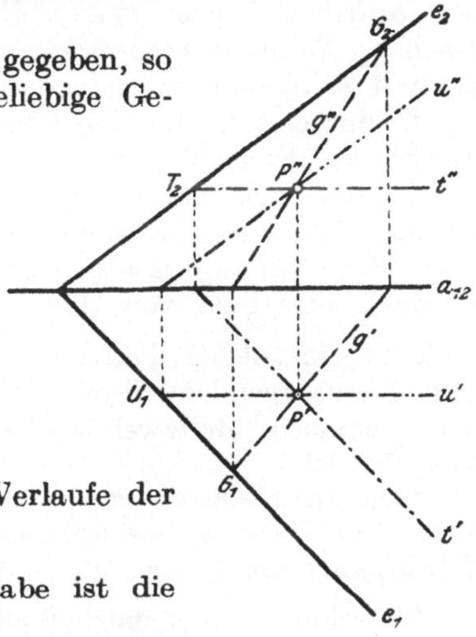

59. Eine Umkehrung dieser Aufgabe ist die ebenfalls wichtige folgende

Aufgabe: *Gegeben* sind die eine Spur einer Ebene und die Risse eines in der Ebene enthaltenen Punktes. *Gesucht* ist die zweite Spur.

Fig. 12.

Ist die Grundrißspur e_1 gegeben, so können wir (Fig. 12) die Risse derjenigen ersten Hauptlinie t der Ebene zeichnen, die durch den gegebenen Punkt P hindurchgeht; denn t' muß durch P' parallel zu e_1 und t'' durch P'' wagerecht gezogen werden. Die Ordnungslinie des Punktes, in dem t' der Rißachse a_{12} begegnet, schneidet in t'' den zweiten Spurpunkt T_2 von t ein, und durch diesen und den Schnittpunkt zwischen e_1 und a_{12} ist die gesuchte Aufrißspur e_2 bestimmt.

Endlich gehört hierher noch die

Aufgabe: *Gegeben* sind die Spuren einer nicht zur Rißachse parallelen Ebene $\varDelta$ und die Risse eines nicht in ihr enthaltenen Punktes P. *Gesucht* sind die Spuren der Ebene E, die parallel zu $\varDelta$ durch P läuft.

Ihre Lösung beruht darauf, daß die durch P gehenden Hauptlinien t und u von E zu den gleichnamigen Spuren von E und mit diesen zu den gleichnamigen Spuren von Δ parallel sind. Also können wir die Risse von t und u zeichnen, indem wir durch P' t' parallel zur Grundrißspur von Δ und u' wagerecht, durch P'' t'' wagerecht und u'' parallel zur Aufrißspur von Δ ziehen. Darauf konstruieren wir den ersten Spurpunkt von u und den zweiten Spurpunkt von t und legen durch sie parallel zu den gleichnamigen Spuren von Δ die gesuchten Spuren von E. Darin, daß sie sich auf der Rißachse begegnen müssen, besteht eine Genauigkeitsprobe.

60. Die Spuren einer Ebene sind diejenigen Hauptlinien, die in den Tafeln liegen. Durch eine Schiebung der Grundrißtafel können wir jede erste Hauptlinie zur Grundrißspur und durch eine Schiebung der Aufrißtafel jede zweite Hauptlinie zur Aufrißspur der Ebene machen. Wenn insbesondere eine solche erste und zweite Hauptlinie gewählt sind, daß im zusammengeklappten Zweitafelsystem der Aufriß t'' der ersten und der Grundriß u' der zweiten sich decken, so werden sie gleichzeitig zu Spuren der Ebene durch eine Schiebung der Tafeln, die nach Nr. 34 im zusammengeklappten Zweitafelsystem die Gerade $t'' \equiv u'$ zur Rißachse macht. *Deshalb werden wir die Spuren einer Ebene nur in besonderen Fällen brauchen,* in denen es nützlich ist, ein geeignetes Paar von Hauptlinien auszuzeichnen.

Tritt ein solcher Fall nicht ein, so können wir zur Bestimmung einer Ebene irgendeine ihrer ersten und irgendeine ihrer zweiten Hauptlinien nehmen; da zwei solche Geraden sich stets schneiden, folgt nach Nr. 49:

Wird eine Ebene durch eine erste Hauptlinie t und eine zweite Hauptlinie u bestimmt, so müssen der Schnittpunkt von t' und u' und der Schnittpunkt von t'' und u'' in derselben Ordnungslinie liegen.

Wir schließen hier einen Sonderfall der ersten Aufgabe von Nr. 55 an, nämlich die

Aufgabe: *Gegeben* ist eine Ebene durch die Risse einer ersten Hauptlinie t und einer zweiten Hauptlinie u sowie der Grundriß M' eines in ihr liegenden Punktes M. *Gesucht* ist der Aufriß M''.

Zu ihrer Lösung (Fig. 48) ziehen wir durch M' die Parallele zu t', fassen sie als Grundriß t_1' der durch M laufenden ersten Hauptlinie t_1 auf und konstruieren den zugehörigen Aufriß t_1'', indem wir den Schnittpunkt von t_1' und u' durch Ordnungslinie nach u'' übertragen und durch diesen Punkt die Parallele zu t'' legen; durch t_1'' und die Ordnungslinie von M' ist M'' bestimmt. Wir hätten auch an Stelle von t_1 die durch M gehende zweite Hauptlinie benutzen können.

61. Bei der Darstellung des Geländes durch kotierte Projektion (Nr. 23) sind die ersten Hauptlinien einer Ebene ihre Schichtlinien und geben ihre *Streichrichtung* an. Übertragen wir diesen Namen auch auf die Richtung der zweiten Hauptlinien, so haben wir *eine erste und*

eine zweite Streichrichtung der Ebene zu unterscheiden und kommen
zu der

Aufgabe: *Gegeben* sind die Risse eines Dreiecks. *Gesucht* sind die
Streichrichtungen der Ebene des Dreiecks.

Zu ihrer Lösung ziehen wir durch jeden der beiden Risse des Dreiecks eine wagerechte Gerade, fassen sie als den Aufriß t'' einer ersten
und den Grundriß u' einer zweiten Hauptlinie der Ebene auf und
konstruieren nach Nr. 54 die zugehörigen Risse t' und u'', indem wir
uns die Ebene durch zwei geeignete Seiten des Dreiecks bestimmt
denken. t' und u'' geben die Streichrichtungen an.

Eng verwandt hiermit ist die Lösung der folgenden

Aufgabe: *Gegeben* sind die Risse eines Dreiecks und der Grundriß P'
eines in derselben Ebene liegenden Punktes P. *Gesucht* sind der Aufriß P'' und die Risse der durch P gehenden Hauptlinien der Ebene
des Dreiecks.

Wir legen nämlich durch P' die wagerechte Gerade u', konstruieren
wie oben den zugehörigen Aufriß u'' und schneiden diesen mit der
Ordnungslinie von P' in P''. Durch P'' ziehen wir die wagerechte
Gerade t'', konstruieren den zugehörigen Grundriß t' und haben damit
alle gesuchten Stücke gefunden.

Fallinien und Lote einer Ebene.

62. Die Geraden, die in einer Ebene E senkrecht zu ihren ersten
Hauptlinien verlaufen, geben die Richtung ihres stärksten Gefälles
gegen die wagerechte Grundrißtafel, ihre *Fallrichtung*, an und heißen
deshalb *Fallinien*. Wir übertragen diese Bezeichnung auch auf die
Geraden der Ebene, die zu ihren zweiten Hauptlinien senkrecht stehen,
und unterscheiden demgemäß zwischen *ersten und zweiten Fallinien*.
Der rechte Winkel, den eine erste oder zweite Hauptlinie mit einer
gleichnamigen Fallinie bildet, hat einen Schenkel, der zu der Grund-
riß- bzw. zu der Aufrißtafel parallel ist; also gilt nach Nr. 51 der Satz:

*Die Grundrisse der ersten Fallinien einer Ebene stehen auf denen
der ersten Hauptlinien senkrecht und die Aufrisse der zweiten Fallinien
auf denen der zweiten Hauptlinien.*

Errichten wir auf der Ebene E in einem Punkte P das Lot l, so
bildet l mit den beiden durch P gehenden Hauptlinien von E rechte
Winkel. Deshalb folgt in derselben Weise wie soeben der Satz:

*Steht eine Gerade auf einer Ebene senkrecht, so ist ihr Grundriß senk-
recht zu den Grundrissen der ersten Hauptlinien und ihr Aufriß zu den
Aufrissen der zweiten Hauptlinien der Ebene.*

63. Infolgedessen hat die erste Fallinie, die in E durch P läuft,
mit dem Lot, das auf E in P errichtet ist, den Grundriß gemeinsam.
Sie liegen also in derselben zur Grundrißtafel Π_1 senkrechten Ebene,
die auch auf E und somit auf den ersten Hauptlinien von E senkrecht steht. Das heißt:

Jede Ebene, die zu den ersten Hauptlinien einer Ebene E *senkrecht steht, schneidet* E *in einer ersten Fallinie und die Grundrißtafel in dem Grundriß derselben.*

Nehmen wir eine solche Ebene zur Tafel Π_3 eines an den Grundriß anschließenden Seitenrisses, so ist die Rißachse a_{13} der Grundriß einer ersten Fallinie von E; also fallen die zu a_{13} senkrechten Ordnungslinien [1, 3] mit den Grundrissen der ersten Hauptlinien von E zusammen. Für den Grundriß und den Seitenriß gelten dieselben Sätze über die Ebene, wie für Grund- und Aufriß; dabei wirkt der Umstand vereinfachend, daß $E \perp \Pi_3$. Deshalb erhalten wir den Satz:

Steht die Tafel eines an den Grundriß anschließenden Seitenrisses auf den ersten Hauptlinien einer Ebene E *senkrecht, so sind die Grundrisse dieser Hauptlinien zugleich die Ordnungslinien* [1, 3]. *In dem Seitenriß fallen die Bilder aller in* E *enthaltenen Figuren in die Spur* e_3 *von* E *hinein und stehen die Bildgeraden der Lote von* E *auf* e_3 *senkrecht; alle auf ersten Fallinien oder auf Loten von* E *liegenden Strecken bilden sich in wahrer Größe ab.*

Beide Sätze lassen sich leicht für eine Ebene umformen, die zu den zweiten Hauptlinien von E senkrecht ist.

64. Zur Erläuterung diene die

Aufgabe: *Gegeben* sind die Risse eines Dreiecks ABC und eine Länge m. *Gesucht* sind die Risse des Tetraeders $ABCD$, dessen aus D kommende Höhe den Schwerpunkt S des Dreiecks ABC zum Fußpunkt hat und gleich m ist.

S ist der Schnittpunkt der Verbindungsgeraden zwischen den Ecken und den Mitten der gegenüberliegenden Seiten des Dreiecks ABC Da die Risse dieser Geraden nach Nr. 8 genau dieselbe Bedeutung für die Bilddreiecke $A'B'C'$ und $A''B''C''$ haben, sind in Fig. 13 die Risse S' und S'' als die Schwerpunkte dieser Dreiecke zu konstruieren[1]). Der Umstand, daß $S'S''$ eine Ordnungslinie [1, 2] sein muß, dient als Genauigkeitsprobe.

Die Streichrichtungen der Ebene ABC bestimmen wir nach der ersten Aufgabe von Nr. 61; und zwar legen wir die wagerechte Gerade t'' durch A'' und die wagerechte Gerade u' durch B', so daß t die erste Hauptlinie durch A und u die zweite Hauptlinie durch B ist. Die Risse der Geraden l, die in S auf der Ebene ABC senkrecht steht, erhalten wir, indem wir nach Nr. 62 durch S' $l' \perp t'$ und durch S'' $l'' \perp u''$ ziehen.

Auf l liegt D so, daß $SD = m$ ist. Um die Risse von D zu finden, nehmen wir einen Seitenriß von der in Nr. 63 behandelten Art zu Hilfe. Wir ziehen also durch A', B', C', S' die Ordnungslinien [1, 3]

---

[1]) Dabei lassen sich die Mitten der Dreiecksseiten durch Probieren schneller und ebenso genau finden wie durch die bekannte Konstruktion der Elementargeometrie.

mit t' zusammenfallend, bzw. zu t' parallel, wählen auf der Ordnungslinie von A', d. i. auf t', den Punkt A''' und konstruieren nach Nr. 38, indem wir t'' und die durch A''' zu t' gelegte Senkrechte als Rißachsen benutzen, die Punkte B''', C''', S'''. Nach Nr. 63 müssen A''', B''', C''', S''' in einer Geraden liegen, auf der in S''' l''' senkrecht steht. Auf l''' tragen wir von S''' aus nach der einen Seite hin die Strecke m ab und erhalten in ihrem Endpunkt den Seitenriß D''' des gesuchten Punktes D. Aus ihm sind D' und D'' wiederum nach Nr. 38 abzuleiten.

Endlich ziehen wir die Risse der Tetraederkanten AD, BD, CD und untersuchen die Sichtbarkeit im Grundriß und im Aufriß nach den Regeln von Nr. 17 und Nr. 19. Dabei hilft uns die nach Nr. 50 aufzufindende Entscheidung darüber, welche der Kanten AD, BC über und welche der Kanten AB, CD vor der anderen vorbeiläuft.

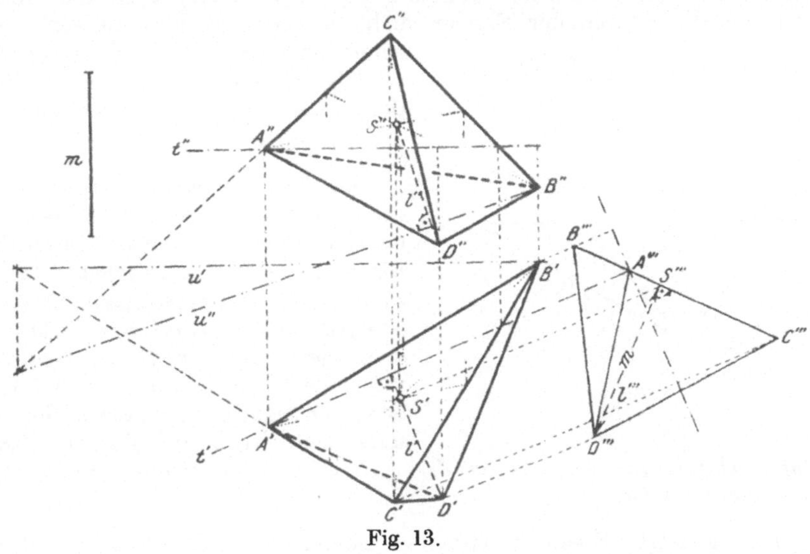

Fig. 13.

IV. Die Durchdringungslinien von Vielflachen.

Die Schnittlinie zweier Ebenen und der Schnittpunkt einer Geraden und einer Ebene.

65. Sind eine Ebene Δ durch ihre Spuren d_1, d_2 und eine Ebene E durch ihre Spuren e_1, e_2 gegeben, so gehören die Schnittpunkte S_1 von d_1 und e_1, S_2 von d_2 und e_2 beiden Ebenen und folglich ihrer Schnittlinie s an, und zwar muß nach Nr. 57 S_1 der erste, S_2 der zweite Spurpunkt von s sein. Sind etwa d_1 und e_1 parallel, so ist S_1 nicht vorhanden, aber s ist zu d_1 und e_1 parallel, also eine erste Hauptlinie sowohl von Δ als auch von E. Somit folgt:

Die Risse der Schnittlinie zweier Ebenen sind (Fig. 14) nach Nr. 44 zu konstruieren aus ihren Spurpunkten, welche die Schnittpunkte der gleichnamigen Spuren der Ebenen sind. Wenn zwei gleichnamige Spuren parallel sind, so liefern sie statt des zugehörigen Spurpunktes die Richtung des zugehörigen Risses der Schnittlinie.

Besonders zu beachten ist, daß *die Aufrißspur d_2 scheitelrecht verläuft und s' mit d_1 zusammenfällt, wenn $\varDelta$ auf der Grundrißtafel senkrecht steht;* dies ist leicht aus Fig. 14 zu erkennen, wenn in ihr $d_2 \perp a_{12}$ genommen wird, und steht im Einklang mit Nr. 11. Das Entsprechende gilt, wenn $\varDelta$ zur Aufrißtafel senkrecht ist.

Natürlich kann die hier angegebene Konstruktion nur ausgeführt werden, wenn S_1 und S_2 beide auf dem Zeichenblatt liegen und nicht durch schleifende Schnitte ungenau bestimmt sind. Außerdem sind meistens die Spuren der Ebenen nicht gegeben, sondern müssen erst ermittelt werden. Deshalb ist es notwendig, andere Konstruktionen für die Risse der Schnittlinie zweier Ebenen aufzusuchen.

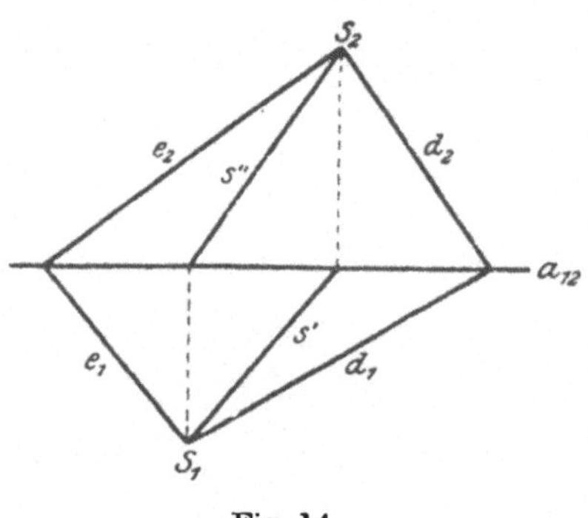

Fig. 14.

66. *Der Schnittpunkt S einer Geraden g mit einer scheitelrechten Ebene $\varDelta$ hat zum Grundriß S' den Schnittpunkt von g' mit der Grundrißspur d_1 und zum Aufriß S'' den Schnittpunkt von g'' mit der Ordnungslinie von S'.* Denn d_1 enthält nach Nr. 11 die Grundrisse aller Punkte von $\varDelta$ und folglich auch den Punkt S', der andererseits nach Nr. 5 auf g' liegt. *Das Entsprechende gilt, wenn $\varDelta$ zu der Aufrißtafel oder zu einer Seitenrißtafel senkrecht ist.*

Eine geneigte Ebene E wird, wie schon in Nr. 65 erwähnt, durch die scheitelrechte Ebene $\varDelta$ in einer Geraden s geschnitten, deren Grundriß s' mit d_1 zusammenfällt. Ist nun E durch zwei Geraden l und m bestimmt, so müssen die Schnittpunkte, die sie mit $\varDelta$ haben, auf s liegen. Hieraus folgt:

Die Schnittlinie einer durch zwei Geraden l, m bestimmten Ebene mit einer scheitelrechten Ebene $\varDelta$ hat zum Grundriß die Grundrißspur d_1 von $\varDelta$ und zum Aufriß die Verbindungsgerade der Punkte, in denen die Ordnungslinien der Schnittpunkte von d_1 mit den Grundrissen l', m' die Aufrisse l'', m'' treffen.

Wir konstruieren also im Einklang mit der Vorschrift in Nr. 54 den Aufriß der Geraden s, die in E liegt und deren Grundriß $s' \equiv d_1$ ist. In sinngemäßer Weise ist die Konstruktion für den Fall abzuändern, daß $\varDelta$ zu einer anderen Rißtafel senkrecht ist.

67. Wenn wir den Schnittpunkt S zwischen einer Geraden g und einer geneigten Ebene E bestimmen wollen, legen wir durch g die scheitelrechte Ebene $\varDelta$ — d. i. die erste projizierende Ebene Γ_1 von g — und suchen die Schnittlinie s von $\varDelta$ und E auf; da die Geraden g und s in $\varDelta$ enthalten sind, schneiden sie sich, und zwar ist der Schnittpunkt, der sowohl in g als in E liegt, der gesuchte Punkt S. Hieraus ergibt sich die folgende Vorschrift:

Um die Risse des Schnittpunktes S zwischen einer Geraden g und einer Ebene E zu bestimmen, fassen wir g' als Grundrißspur der durch g laufenden scheitelrechten Ebene $\varDelta$ auf, konstruieren, je nachdem E durch die Spuren oder durch zwei Geraden gegeben ist, nach Nr. 65 oder Nr. 66 den Aufriß s'' der Schnittlinie zwischen $\varDelta$ und E und erhalten in dem Schnittpunkt von g'' und s'' den Aufriß S'' und in dem Schnittpunkt von g' mit der Ordnungslinie von S'' den Grundriß S' des gesuchten Punktes S.

In Fig. 15 ist diese Konstruktion ausgeführt für den Schnittpunkt der Geraden g und der durch ihre Spuren e_1, e_2 bestimmten Ebene und in Fig. 16 beispielsweise für den Schnittpunkt der Geraden KL und der durch AB und AC bestimmten Ebene. Natürlich kann man, wenn die Ebene $\varDelta$ ungünstige Schnittpunkte liefert, statt ihrer die Ebene zu Hilfe ziehen, durch die g auf die Aufrißtafel projiziert wird, und muß dann die obige Vorschrift sinngemäß abändern; dieses Vorgehen führt in Fig. 15 zu der Hilfsgeraden $\mathfrak{s}$.

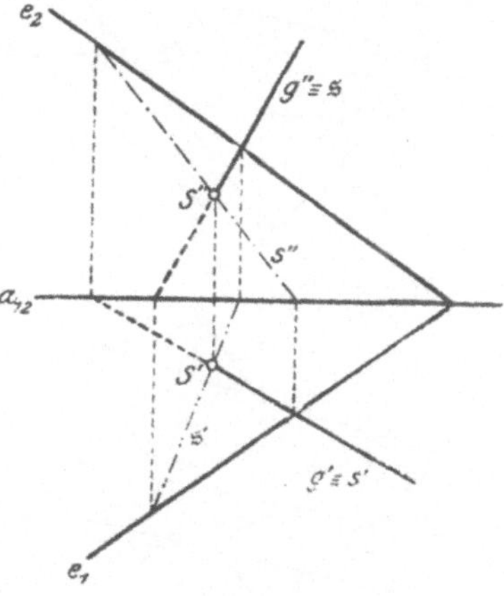

Fig. 15.

Wenn g zu einer Tafel, etwa zu $\varPi_1$, senkrecht ist, kann jede durch g gehende Ebene für $\varDelta$ genommen werden. Jedoch können wir in diesem Falle die Aufgabe auch anders auffassen, da S' — wie der Grundriß eines jeden Punktes von g — mit dem ersten Spurpunkt von g vereinigt und somit von vornherein bekannt ist; es ergibt sich:

Der Schnittpunkt S einer scheitelrechten Geraden g mit einer geneigten Ebene E hat seinen Grundriß S' im ersten Spurpunkt von g; sein Aufriß S'' wird nach Nr. 55 ermittelt als derjenige des Punktes, der in E liegt und den Grundriß S' besitzt.

Die Durchdringungsstrecke zweier ebenen Vielecke.

68. Die Schnittlinie zweier Ebenen trägt die Schnittpunkte jeder derselben mit allen in der anderen enthaltenen Geraden. Sind also zwei Ebenen durch die Risse zweier Dreiecke ABC und KLM (Fig. 16) gegeben, so genügt es für die Bestimmung ihrer Schnittlinie, die Risse von irgend zweien der Schnittpunkte zu ermitteln, in denen die Seiten jedes der beiden Dreiecke die Ebene des anderen Dreiecks durchsetzen. Aber hierbei tritt noch ein neuer Gesichtspunkt dadurch hinzu, daß man sich in der Regel die Ebenen nicht unbegrenzt denkt, sondern nur die eigentlichen Dreiecksflächen in Betracht zieht; dann sucht man, kurz gesagt, *die Durchdringungsstrecke der beiden Dreiecke* auf.

Diese Durchdringungsstrecke ist diejenige Strecke der Schnittlinie der beiden Ebenen, die sowohl im Innern des Dreiecks ABC als auch des Dreiecks KLM enthalten ist. Sie ist nur vorhanden, wenn jene Schnittlinie *beide* Dreiecke durchsetzt, und hat in diesem Fall zu Endpunkten S, T die einzig möglichen beiden Schnittpunkte zwischen je

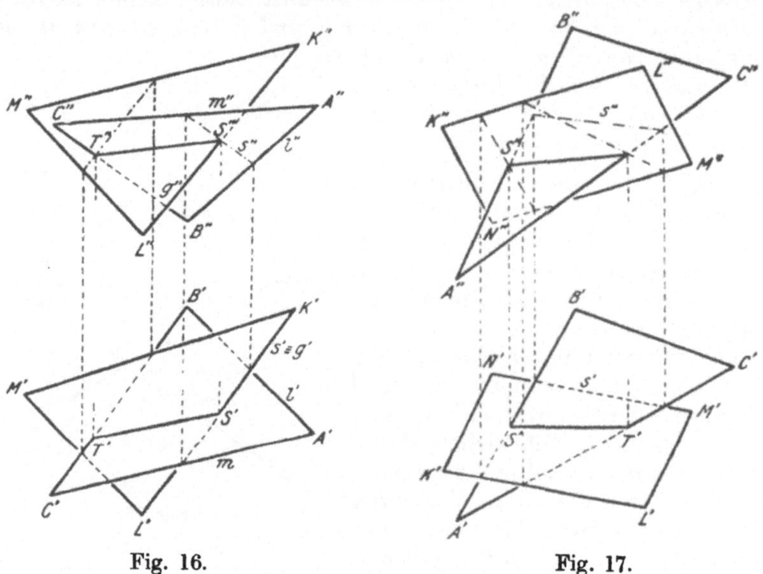

Fig. 16.   Fig. 17.

einer Seite eines Dreiecks und der Ebene des anderen, die zugleich der Dreiecksseite und der Dreiecksfläche selbst angehören. Dabei kann S auf einer Seite des einen und T auf einer Seite des anderen Dreiecks, wie in Fig. 16, liegen oder S und T können Punkte zweier Seiten desselben Dreiecks sein wie in Fig. 17, in der das zweite Dreieck durch ein Parallelogramm $KLMN$ ersetzt ist. Im ersten Fall können wir sagen, daß *beide Dreiecke sich gegenseitig durchdringen*, und im zweiten Fall, daß *das Dreieck das Parallelogramm durchdringt*.

69. Hiernach kommt es bei der Konstruktion der Durchdringungsstrecke ST zweier Dreiecke oder irgend zweier anderen ebenen Vielecke darauf an, gerade die Seiten herauszufinden, auf denen die Punkte S und T liegen. Das geschieht am besten durch ein planmäßiges Verfahren in folgender Weise:

Um die Durchdringungsstrecke zweier ebenen Vielecke zu ermitteln, beginnt man der Reihe nach für jede ihrer Seiten nach Nr. 67 die Kon-

struktion ihres Schnittpunktes mit der Ebene des jeweiligen anderen Vieleckes, bricht sie ab, sobald man erkennt, daß der Schnittpunkt nicht den beiden Vielecken selbst angehört, und führt sie im anderen Falle zu Ende. Dadurch erhält man, wenn sie vorhanden sind, gerade die Risse der beiden Endpunkte der Durchdringungsstrecke.

In Fig. 16 und Fig. 17 sind nur die Hilfslinien erhalten, die zur Aufsuchung der Risse der Punkte S und T selbst notwendig sind. Allein in Fig. 17 ist der Aufriß s'' der Hilfslinie eingetragen, die in MN den Schnittpunkt mit der Ebene des Dreiecks ABC einzeichnet; er zeigt, daß dieser Schnittpunkt außerhalb des Dreiecks liegt und nicht in Betracht kommt. Aber natürlich kann man auch solche Schnittpunkte hinzuziehen, um durch sie die ganze Schnittlinie der beiden Vieleckebenen recht genau festzulegen; dies wird sogar notwendig, wenn bei der Konstruktion eines der Punkte S und T schleifende Schnitte auftreten.

70. Bei jeder Figur dieser Art muß noch in beiden Rissen die gegenseitige Lage der beiden ebenen Vielecke zum Ausdruck gebracht werden. Es handelt sich also z. B. für den Grundriß von Fig. 16 darum, welche der Seiten AB, AC, KM, LM und welche Stücke der Seiten BC, KL oberhalb oder unterhalb des jeweiligen anderen Dreiecks verlaufen. Die Ordnungslinie des Schnittpunktes von $A'B'$ und $K'L'$ begegnet dem Aufriß $A''B''$ in einem tieferen Punkte als dem Aufriß $K''L''$ und zeigt nach dem ersten Satz von Nr. 50, daß an dieser Stelle KL höher als AB liegt; also verläuft die Strecke SK oberhalb des Dreiecks ABC. Dieselbe Untersuchung können wir an allen anderen scheinbaren Schnittpunkten des Grundrisses anstellen; aber wir können auch bereits aus der Lage von SK alles übrige ohne weiteres folgern: Da SK oberhalb und demnach SL unterhalb des Dreiecks ABC verläuft, muß von den Seiten AB und AC, die das Dreieck KLM nicht durchsetzen, die erste unter und die zweite über dasselbe hinweggehen und somit BT unter ihm, CT über ihm liegen. Denken wir uns also die Flächen der beiden Dreiecke undurchsichtig, so ist im Grundriß von Fig. 16 die Sichtbarkeit in der angegebenen Weise anzudeuten.

Für den Aufriß muß die entsprechende Untersuchung auf Grund des zweiten Satzes von Nr. 50 angestellt werden. Genau dasselbe gilt für Fig. 17, in der sich ergibt, daß das Dreieck ABC seine Spitze A von oben nach unten und von hinten nach vorn durch das Parallelogramm $KLMN$ hindurchstößt.

Die Durchdringungslinie zweier Vielflache.

71. Die Durchdringungslinie zweier Vielflache setzt sich zusammen aus den Durchdringungsstrecken der ebenen Vielecke, die ihre Flächen sind; sie ist deshalb ein räumliches Vieleck, dessen Eckpunkte auf den Seiten jener ebenen Vielecke, d. h. auf den Kanten der beiden

Vielflache liegen, und kann — je nachdem jedes Vielflach in das andere nur eindringt oder das eine Vielflach das andere vollständig durchbohrt — aus einem oder mehreren Streckenzügen bestehen.

Hiernach gehören die Eckpunkte der Durchdringungslinie zweier Vielflache zu den Schnittpunkten zwischen den Kanten jedes derselben und den Flächen des jeweiligen anderen; und zwar sind sie diejenigen Schnittpunkte, die zugleich zwischen den Endpunkten der Kanten und im Innern der Flächen liegen. Zweckmäßig bezeichnen wir als *Schnittpunkte einer Geraden mit einem Vielflach* nur die Punkte, in denen die Gerade durch die Flächen des Vielflaches selbst hindurchtritt, und als *Schnittpunkte einer Strecke mit einem Vielflach* nur diejenigen unter den Schnittpunkten der Geraden mit dem Vielflach, die der Strecke selbst angehören. Dann können wir ganz allgemein sagen:

Die Eckpunkte der Durchdringungslinie zweier Vielflache konstruiert man, indem man die Schnittpunkte der Kantenstrecken jedes von ihnen mit dem anderen aufsucht.

Jeder Eckpunkt ist mit zwei anderen — den ihm benachbarten — Eckpunkten durch je eine Seite der Durchdringungslinie verbunden; und jede solche Seite ist die Durchdringungsstrecke einer Fläche des einen Vielflaches mit einer Fläche des anderen. Hieraus ergibt sich die Vorschrift:

Um aus den Eckpunkten der Durchdringungslinie zweier Vielflache ihre Seiten zu bestimmen, verbindet man je zwei Eckpunkte, die für jedes der beiden Vielflache derselben Fläche angehören.

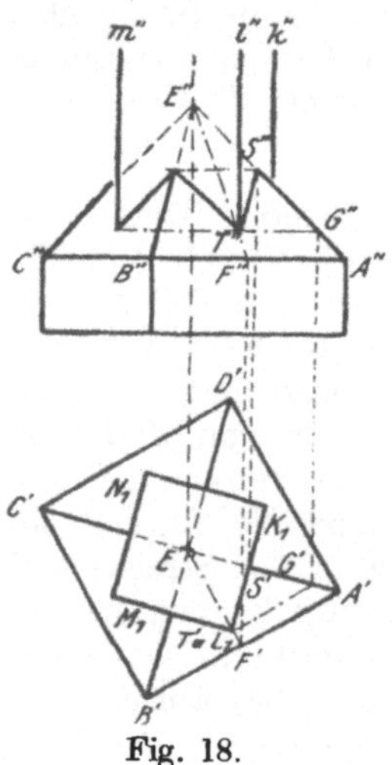

Fig. 18.

Die zeichnerische Ausführung dieser Vorschriften kann je nach Art der vorgelegten Vielflache in verschiedener Weise angeordnet werden; wir wollen nicht alle Möglichkeiten erschöpfen, sondern nur zeigen, wie die bisher gewonnenen Ergebnisse sich in einem besonderen und in einem allgemeineren Falle verwerten lassen.

72. Bei dem in Fig. 18 dargestellten *Pfeilerfuß* handelt es sich um die Durchdringung einer geraden quadratischen Pyramide $ABCDE$ und eines geraden quadratischen Prismas mit den Kanten k, l, m, n, die eine besonders einfache Stellung gegeneinander besitzen. Da das Quadrat der ersten Spurpunkte K_1, L_1, M_1, N_1 der Prismenkanten der Grundriß des Prismas und zugleich derjenige der gesuchten Durchdringungslinie ist, erkennen wir sofort, daß wir jede Pyramidenkante mit einer bestimmten Prismenfläche — wie z. B. AE mit der Fläche $k\,l$ in S — und jede Prismenkante mit einer bestimmten Pyramidenfläche — wie z. B. l mit dem Dreieck ABE in T — schneiden müssen. Wir übersehen auch ohne weiteres, welche der gefundenen Punkte als Aufrisse benachbarter Eckpunkte der Durchdringungslinie — wie S'' und T'' — zu verbinden sind und wie im Aufriß die Sichtbarkeit des ganzen Körpers sich gestaltet.

Den Aufriß von S ermitteln wir nach dem ersten Satz von Nr. 66 und den von T nach dem zweiten Satz von Nr. 67. Dabei wählen wir als die durch $T' \equiv L_1$ zu ziehende Hilfslinie mit Vorteil die durch E' gehende oder die zu $A'B'$ parallele Gerade; die erste trifft $A'B'$ in F' und bestimmt dadurch den Punkt F'' von $A''B''$ und die durch T'' laufende Gerade $E''F''$; die zweite schneidet $A'E'$ in G' und führt so zu dem Punkt G'' von $A''E''$ und der zu $A''B''$ parallelen Geraden $G''T''$.

In derselben Weise können wir die übrigen Eckpunkte und Seiten der Durchdringungslinie feststellen. Aber wir beobachten, daß der ganze Pfeilerfuß eine durch E gehende scheitelrechte Symmetrieachse besitzt und bei einer um diese ausgeführten Viertelumdrehung seine Ansicht nicht ändert. Hieraus folgt, daß die Schnittpunkte der Pyramidenkanten mit den Prismenflächen in einer und die Schnittpunkte der Prismenkanten mit den Pyramidenflächen in einer zweiten wagerechten Ebene liegen, daß wir also ihre Aufrisse auf den durch S'' und T'' gehenden wagerechten Geraden finden. Da wir hiernach die Wahl haben, auf welcher Pyramidenkante wir den Punkt S und auf welcher Prismenkante wir den Punkt T konstruieren, werden wir diejenigen Kanten heraussuchen, bei denen gute Schnitte die größte mögliche Genauigkeit gewährleisten.

73. In allgemeineren Fällen können wir nicht von vornherein angeben, welche Flächen des einen Vielflaches durch eine bestimmte Kante des anderen durchbohrt werden. Dann bedürfen wir auf Grund der Erörterungen von Nr. 71 eines bequemen Verfahrens, um die Risse der Schnittpunkte zwischen einer Geraden g und einem Vielflach zu bestimmen, und finden es, indem wir — das Verfahren von Nr. 67 weiterbildend — durch die Gerade g die scheitelrechte Ebene $\varDelta$ legen: Wenn diese das Vielflach durchsetzt, so geschieht es in einem „Hilfsvieleck", und die etwa vorhandenen Schnittpunkte zwischen den Seiten desselben und der Geraden g müssen die gesuchten Punkte sein.

Da die Grundrißspur d_1 von $\varDelta$ mit dem Grundriß g' von g zusammenfällt und den Grundriß des Hilfsvieleckes trägt, finden wir die Grundrisse der Ecken des Hilfsvieleckes als die Schnittpunkte von g' mit den Grundrissen der Vielflachskanten und können ihre Aufrisse mit Hilfe der Ordnungslinien in die Aufrisse der Vielflachskanten einzeichnen. In Fig. 19 z. B. sind Hilfsvielecke das Dreieck KLM für das Prisma $ABCDEF$ und die Gerade $g \equiv RS$, das Dreieck UVW für die Pyramide $PQRS$ und die Gerade $g \equiv AD$, das Dreieck XYZ für dieselbe Pyramide und die Gerade $g \equiv CF$. Wenn nun g'' den Aufriß des Hilfsvieleckes trifft, so erhalten wir die Aufrisse der Schnittpunkte zwischen g und dem Vielflach und können die zugehörigen Grundrisse durch ihre Ordnungslinien in g' einzeichnen; im anderen Fall läuft g an dem Vielflach vorbei. In Fig. 19 z. B. finden wir in dieser Weise die Schnittpunkte (3) und (4) zwischen RS und dem Prisma und die Schnittpunkte (5) und (6) zwischen CF und der Pyramide, während AD dieselbe nicht schneidet. Wir können also zusammenfassend sagen:

Um die Risse der Schnittpunkte zwischen einer Geraden g und einem Vielflach zu ermitteln, fassen wir g' als Grundrißspur der durch g laufenden scheitelrechten Ebene Δ auf und konstruieren, indem wir die Schnittpunkte zwischen g' und den Grundrissen der Vielflachskanten durch Ordnungslinien auf die zugehörigen Aufrisse übertragen, den Aufriß des Hilfsvielecks, in dem Δ das Vielflach durchsetzt. Wenn derselbe Schnittpunkte mit g'' besitzt, so sind sie die Aufrisse der gesuchten Punkte und bestimmen durch ihre Ordnungslinien auf g' die zugehörigen Grundrisse.

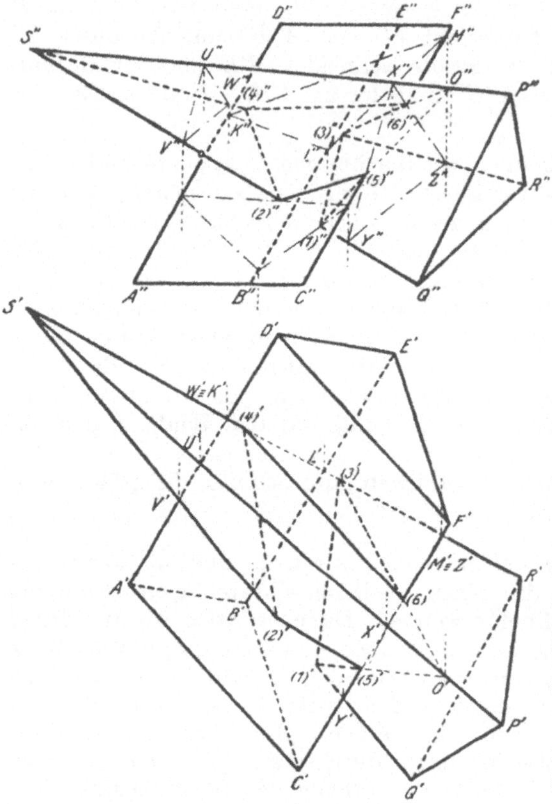

74. Wenn wir nun in Fig 19 die Risse der *Durchdringungslinie eines Prismas ABCDEF und einer Pyramide PQRS* konstruieren wollen, so werden wir in derselben Weise, wie mit den drei in Nr. 73 als Beispiel benutzten Kanten, mit allen Kanten der beiden Vielflache verfahren und nur die Schnittpunkte anmerken, die den Kantenstrecken selbst angehören. So ergeben sich die Risse von sechs Punkten, die die Eckpunkte der Durchdringungslinie sind.

Aus ihnen müssen wir nach Nr. 71 die Paare heraussuchen, die für beide Vielflache derselben Fläche angehören. Deshalb merken wir uns am besten sogleich bei der Konstruktion der Punkte die Flächen an, in denen sie liegen; so ist z. B. der Schnittpunkt (3) als Punkt von RS

Fig. 19.

ein Punkt sowohl von PRS als auch von QRS und als Punkt der Hilfslinie LM ein Punkt von $BCFE$. In dieser Weise erhalten wir die Tabelle:

Punkte	Prismenflächen	Pyramidenflächen
(1)	$BCFE$	PQS und QRS
(2)	$ACFD$	PQS und QRS
(3)	$BCFE$	PRS und QRS
(4)	$ACFD$	PRS und QRS
(5)	$BCFE$ und $ACFD$	PQS
(6)	$BCFE$ und $ACFD$	PRS

Wir erkennen aus ihr, daß wir die Punkte in der Reihenfolge 1 3 6 4 2 5 1
durchlaufen, wenn wir zum Punkt (1) den einen ihm benachbarten (3),
zu diesem wieder den zweiten ihm benachbarten (6) aufsuchen und so
fort. In dieser Reihenfolge müssen wir die Grundrisse und die Aufrisse der Punkte verbinden, um die Risse der Durchdringungslinie zu
erhalten.

In dem Beispiel von Fig. 19 dringt jedes der beiden Vielflache nur
ein Stück in das andere ein; deshalb besteht die Durchdringungslinie
aus einem einzigen geschlossenen räumlichen Vieleck. Wenn aber die
Pyramide das Prisma durchbohrte, so würde die obige Reihenfolge
zum Punkte (1) zurückführen, ehe alle Punkte erschöpft wären; dann
würden wir die übriggebliebenen Punkte auf dieselbe Art in eine neue
geschlossene Reihenfolge ordnen können und somit für die Durchdringungslinie zwei getrennte räumliche Vielecke erhalten.

75. Nachdem wir in dieser Weise die Risse der Durchdringungslinie in Fig. 19 eingetragen haben, können wir eine *Prüfung der Genauigkeit* vornehmen. Aus dem bekannten Satz der Stereometrie über
die Schnittlinien dreier Ebenen folgt nämlich der Satz:

*Sind zwei nicht aneinanderstoßende Seiten der Durchdringungslinie
zweier Vielflache die Durchdringungsstrecken einer Fläche des einen Viel-
flachs mit zwei in einer Kante zusammenstoßenden Flächen des anderen,
so treffen sie verlängert diese Kante in demselben Punkt oder sind ihr
parallel.*

Er muß durch die Risse geeigneter Seiten der Durchdringungslinie
erfüllt werden. In Fig. 19 sind z. B. (1, 5) und (3, 6) solche Seiten;
ihre Verlängerungen gehen durch denselben Punkt O von PS, weil
die Verlängerungen ihrer Grundrisse sich in einem Punkt O' von $P'S'$
und die Verlängerungen ihrer Aufrisse sich in einem Punkt O'' von $P''S''$
begegnen und weil die Punkte O' und O'' in derselben Ordnungslinie
liegen.

76. Endlich muß noch die gegenseitige Lage der sich durchdringen-
den Vielflache hervorgehoben werden. Zu diesem Zweck ist zunächst
sowohl für den Grundriß als auch für den Aufriß zu ermitteln, welche

Seiten und Ecken der Durchdringungslinie sichtbar und welche verdeckt sind; hierfür ergibt sich ohne weiteres die folgende Regel:

Der Riß einer Seite der Durchdringungslinie zweier Vielflache ist immer und nur dann als sichtbar auszuziehen, wenn jede der beiden Flächen, deren Durchdringungsstrecke sie ist, dem in der betreffenden Projektionsrichtung sichtbaren Teil ihres Vielflaches angehört.

In Fig. 19 zählt z. B. die Fläche PRS zu dem im Grundriß sichtbaren Teil der Pyramide; von den in ihr liegenden Seiten der Durchdringungslinie ist aber nur (4, 6) sichtbar, weil sie auch in der sichtbaren Fläche $ACFD$ des Prismas enthalten ist, während die Seite (3, 6), in der PRS und die verdeckte Prismenfläche $BCFE$ sich durchsetzen, unsichtbar ist.

Bei dieser Untersuchung ergeben sich zugleich Anhaltspunkte, nach denen die Sichtbarkeit der meisten Kanten beider Vielflache beurteilt werden kann; denn offenbar gilt der Satz:

Eine Gerade, die ein konvexes Vielflach durchdringt, zerfällt in drei Stücke, von denen das mittlere, zwischen den sich ergebenden beiden Schnittpunkten liegende stets verdeckt ist[1]). *Jedes der beiden äußeren Stücke ist außerhalb des Umrisses des Vielflaches sichtbar, innerhalb desselben aber sichtbar oder unsichtbar, je nachdem es von einem sichtbaren oder unsichtbaren Punkt des Vielflaches ausgeht.*

In Fig. 19 folgt z. B. die Sichtbarkeit der beiden äußeren Stücke von RS für den Grundriß daraus, daß der Punkt (3) einer unsichtbaren und der Punkt (4) einer sichtbaren Prismenfläche angehört. Hieraus aber folgt sofort, daß RS unter CF hindurch und über AD hinweg läuft. Für den Aufriß ist diese Untersuchung bei RS überflüssig, weil RS dort bereits durch die Pyramide selbst verdeckt ist.

Das Verhalten von RS gegen CF und AD ergibt sich auch nach dem ersten Satz von Nr. 50 aus den scheinbaren Schnittpunkten $M' \equiv Z'$ und $K' \equiv W'$. *Überhaupt wird man in zweifelhaften Fällen zur Prüfung der Richtigkeit aus dem scheinbaren Schnittpunkt zweier Kanten nach Nr. 50 ermitteln, welche von ihnen über, bzw. vor der anderen liegt.*

V. Schatten ebenflächig begrenzter Körper.

Eigenschatten und Schlagschatten.

77. Bei der Untersuchung der Beleuchtung und des Schattens eines für Licht undurchlässigen Körpers setzen wir *parallele geradlinige Lichtstrahlen* voraus. Wir sehen ab sowohl von den feineren Helligkeitsunterschieden, die von dem Einfallswinkel der Lichtstrahlen abhängen, als auch von allen Abweichungen, die durch zerstreutes Licht hervor-

---

[1]) Zur Förderung der Übersichtlichkeit wird es in der Zeichnung fortgelassen oder höchstens als Hilfslinie eingetragen.

gerufen werden, und begnügen uns mit der folgenden groben Unterscheidung: Ist der Körper durch ein konvexes Vielflach begrenzt, so zerfallen die ebenen Teile seiner Oberfläche in zwei Gruppen; die einen sind dem Licht zugekehrt und *beleuchtet;* die anderen, vom Licht abgewendeten, liegen im *Eigenschatten* des Körpers. Beide Gruppen stoßen in einem Kantenzuge, der *Eigenschattengrenze,* zusammen.

Der Körper sondert aus der Gesamtheit der Lichtstrahlen diejenigen heraus, die auf den beleuchteten Teil seiner Oberfläche auftreffen und deren geradlinige Fortsetzungen ihn in den Punkten des Eigenschattens verlassen. Den Übergang von ihnen zu den Lichtstrahlen, die neben dem Körper vorbeigehen, bilden die Lichtstrahlen, die den Körper nur streifen, d. h. bei deren jedem der beleuchtete Auftreffpunkt und der in seiner Verlängerung liegende Punkt des Eigenschattens zusammenfallen. Da dies nur in den Punkten der Eigenschattengrenze geschehen kann, folgt der Satz:

Die geradlinigen Verlängerungen der Lichtstrahlen, die einen konvexen, ebenflächig begrenzten Körper in den Punkten der Eigenschattengrenze[1]*) treffen, bilden ein Prisma, von dessen Innenraum — dem Schattenraum — der Körper das Licht abhält.*

78. Auf einer dem Licht zugekehrten Fläche entsteht durch den Schattenraum eines vor ihr befindlichen Körpers ein dunkler Fleck, der *Schlagschatten* des Körpers. Seine Grenze wird durch das im letzten Satz erwähnte Prisma eingezeichnet und erschiene, wenn der Körper mit Ausnahme des seine Eigenschattengrenze bildenden Kantenzuges für Licht durchlässig wäre, als der Schlagschatten der Eigenschattengrenze. Durch diese Bemerkung werden wir dazu geführt, auch einzelne Punkte und Linien als gegen Licht undurchlässig zu behandeln und von dem *Schattenstrahl eines Punktes,* der *Schattenebene einer Geraden,* dem *Schattenstreifen einer Strecke* und dem *Schattenprisma eines Kantenzuges* sowie von den Schlagschatten dieser Gebilde zu reden; insbesondere sagen wir:

Die Schlagschattengrenze eines konvexen, ebenflächig begrenzten Körpers ist der Schlagschatten der Eigenschattengrenze.

79. Die Konstruktion von Schlagschattengrenzen verlangt es also, daß wir die Schlagschatten aufsuchen, die einzelne Punkte und Linien auf gewisse Flächen werfen. Nimmt eine ebene Wand die Schlagschatten auf, so haben wir den Vorgang, der in Nr. 1 als Vorbild für die Erzeugung eines Risses durch Parallelprojektion diente. Deshalb können wir jetzt umgekehrt die Eigenschaften der Parallelprojektion

---

[1]) Eine zu den Lichtstrahlen parallele Fläche befindet sich *in streifendem Licht* und gehört eigentlich als Ganzes zur Eigenschattengrenze. Aber da sie kaum merklich beleuchtet ist, rechnen wir sie zum Eigenschatten und ergänzen die Eigenschattengrenze durch die Kanten, in denen die Fläche mit ihren beleuchteten Nachbarflächen zusammenstößt. Am Schattenraum wird hierdurch nichts geändert.

auf die von ebenen Flächen aufgefangenen Schlagschatten übertragen und sprechen den Satz aus:

Für die Schlagschatten, die auf eine Ebene fallen, gelten die allgemeinen Sätze der Parallelprojektion in Nr. 4 bis Nr. 11.

Von den Folgerungen aus diesen Sätzen sind einzelne besonders brauchbar, wenn Schattenkonstruktionen vereinfacht oder auf ihre Genauigkeit geprüft werden sollen. Dies sind vor allem diese:

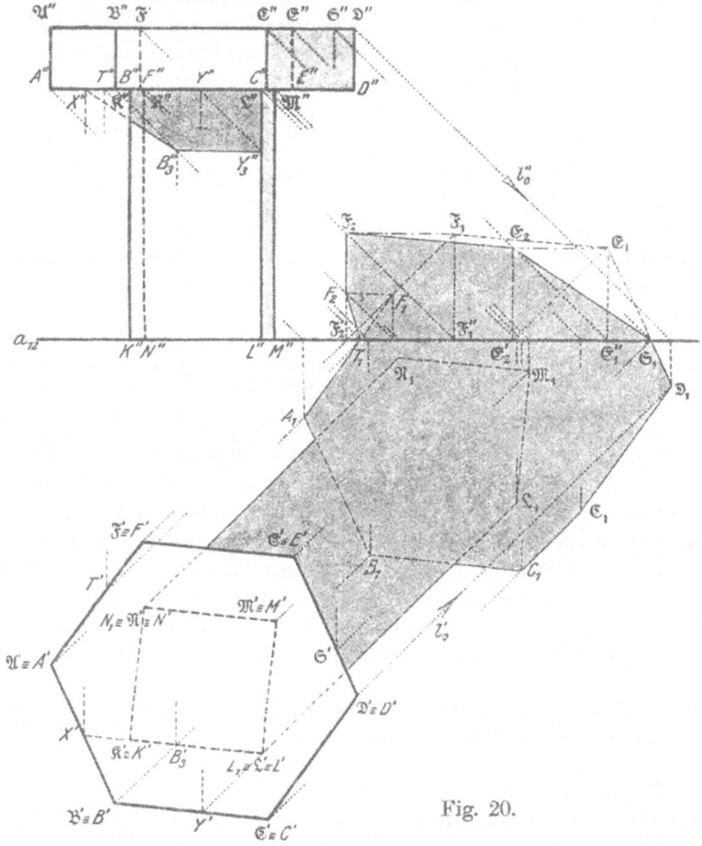

Fig. 20.

Die Schlagschatten, die mehrere parallele Geraden auf eine Ebene werfen oder die eine Gerade auf mehrere untereinander parallele Ebenen wirft, sind parallel.

Wenn eine Gerade zu einer Ebene parallel ist, so ist ihr der Schlagschatten parallel, den sie auf die Ebene wirft.

80. Wir führen die Schattenkonstruktionen im zusammengeklappten Zweitafelsystem aus und geben „*die Lichtrichtung* (l_0', l_0'')" dadurch an, daß wir für einen Punkt des zu untersuchenden Körpers den Grundriß l_0' und den Aufriß l_0'' des ihn treffenden Lichtstrahles l_0 eintragen und an ihnen durch Pfeilspitzen den Richtungssinn des einfallenden Lichtes andeuten. *Durch die Risse der übrigen Punkte sind die Risse der sie treffenden Lichtstrahlen parallel zu l_0' und l_0'' zu legen.*

In der Regel denken wir uns die Sonne als Lichtquelle links hinter dem Beschauer und über ihm stehend; dann zeigt im zusammengeklappten Zweitafelsystem die Pfeilspitze von l_0' schräg nach rechts oben und die Pfeilspitze von l_0'' schräg nach rechts unten. Wie groß die spitzen Winkel λ_1 und λ_2 sind, die l_0' und l_0'' mit der Wagerechten bilden, ist an sich gleichgültig; doch wählt man sie erstens so, daß die auszuführende Schattenkonstruktion anschauliche Bilder liefert, und zweitens so, daß man die zahlreichen Strahlen, die parallel zu l_0' und l_0'' gelegt werden müssen, bequem mit der Reißschiene und den Zeichendreiecken ziehen kann. Bevorzugt wird *die technische Beleuchtung* mit $\lambda_1 = \lambda_2 = 45°$; ihre Lichtrichtung ist die der einen Diagonale eines Würfels, von dem zwei Quadrate der Grundrißtafel und zwei Quadrate der Aufrißtafel parallel sind, und erlaubt aus diesem Grunde mitunter Vereinfachungen der Konstruktionen.

Der Schlagschatten eines Punktes.

81. *Der Schlagschatten, den ein Punkt auf die Grundriß- oder Aufrißtafel wirft, ist der erste bzw. zweite Spurpunkt seines Schattenstrahles.* Deshalb folgt unmittelbar aus dem ersten Satz von Nr. 44 die Lösung der

Aufgabe: *Gegeben* sind die Rißachse a_{12}, die Lichtrichtung (l_0', l_0'') und die Risse eines Punktes. *Gesucht* sind die Schlagschatten, die der Punkt auf die beiden Tafeln werfen kann.

In Fig. 20 sind für einen Teil der Punkte A, B usw. diese Schlagschatten ermittelt und mit A_1, B_1 usw., bzw. mit A_2, B_2 usw. bezeichnet. Nehmen wir die Schlagschatten von irgend zweien dieser Punkte, etwa von $\mathfrak{E}$ und $\mathfrak{F}$, so sind — der paarweis parallelen Seiten wegen — sowohl die Dreiecke $\mathfrak{E}_1\mathfrak{E}_2'\mathfrak{E}_1''$ und $\mathfrak{F}_1\mathfrak{F}_2'\mathfrak{F}_1''$ als auch die Dreiecke $\mathfrak{E}_2\mathfrak{E}_1''\mathfrak{E}_2'$ und $\mathfrak{F}_2\mathfrak{F}_1''\mathfrak{F}_2'$ ähnlich; deshalb haben wir

$$\mathfrak{E}_1\mathfrak{E}_2' : \mathfrak{F}_1\mathfrak{F}_2' = \mathfrak{E}_2'\mathfrak{E}_1'' : \mathfrak{F}_2'\mathfrak{F}_1'' = \mathfrak{E}_2\mathfrak{E}_2' : \mathfrak{F}_2\mathfrak{F}_2' .$$

Da aber $\sphericalangle\, \mathfrak{E}_1\mathfrak{E}_2'\mathfrak{E}_2 = \sphericalangle\, \mathfrak{F}_1\mathfrak{F}_2'\mathfrak{F}_2 = 90° - \lambda_1$, $(\lambda_1 = \sphericalangle\, l_0' a_{12})$, folgt hieraus die Ähnlichkeit der Dreiecke $\mathfrak{E}_1\mathfrak{E}_2\mathfrak{E}_2'$ und $\mathfrak{F}_1\mathfrak{F}_2\mathfrak{F}_2'$ und, da in ihnen zwei Paare entsprechender Seiten parallel sind $(\mathfrak{E}_1\mathfrak{E}_2' \parallel \mathfrak{F}_1\mathfrak{F}_2'$, $\mathfrak{E}_2\mathfrak{E}_2' \parallel \mathfrak{F}_2\mathfrak{F}_2')$, auch ihre ähnliche Lage. Also ist $\mathfrak{E}_1\mathfrak{E}_2 \parallel \mathfrak{F}_1\mathfrak{F}_2$, woraus der Satz fließt:

Verbindet man im zusammengeklappten Zweitafelsystem die Schlagschatten, die bei einer Lichtrichtung (l_0', l_0'') jeder von einer Anzahl gegebener Punkte auf beide Tafeln wirft, so sind die Verbindungsgeraden einander parallel.

Ist, wie in Fig. 20, $\lambda_1 = \lambda_2$, so sind diese Verbindungsgeraden wagerecht.

82. *Der Schlagschatten, den ein Punkt auf eine Fläche wirft, ist der Schnittpunkt seines Schattenstrahles mit der Fläche.* Hierauf beruht die Lösung der

Aufgabe: *Gegeben* sind die Lichtrichtung (l_0', l_0''), die Risse eines Punktes und irgendwelche Bestimmungsstücke einer Ebene E. *Gesucht* sind die Risse des Schlagschattens, den der Punkt auf die Ebene wirft.

Ist die Ebene E scheitelrecht und durch ihre Grundrißspur bestimmt, so verfahren wir nach Nr. 66. In dieser Weise ergibt sich in Fig. 20 der Aufriß B_3'' des Schlagschattens, den B auf die Ebene $KL\mathfrak{L}\mathfrak{K}$ wirft, als Aufriß des Schnittpunktes zwischen dem Schattenstrahl von B und der genannten Ebene.

Ist die Ebene E gegen beide Tafeln geneigt und durch die Risse zweier in ihr liegenden Geraden bestimmt, so können wir zunächst die Vorschrift von Nr. 67 befolgen. Wenn es sich aber nicht nur um einen einzelnen Punkt handelt, so führen wir vorteilhaft eine Seitenrißtafel Π_3 ein, die sowohl auf der Grundrißtafel als auch auf E senkrecht steht: Wir konstruieren zuerst — entweder nach Nr. 36 an den Grundriß anschließend oder nach Nr. 40 und Nr. 41 neben den Aufriß gelegt — die in Π_3 enthaltenen Seitenrisse der schattenwerfenden Punkte und die dritte Spur e_3 von E. Hernach ermitteln wir *den Seitenriß l_0''' des die Lichtrichtung bestimmenden Strahles l_0*, indem wir für seinen Schnittpunkt Q mit irgendeiner bequem zu behandelnden Ebene zuerst Grund- und Aufriß aufsuchen, daraus den Seitenriß ableiten und diesen mit dem Seitenriß desjenigen Punktes verbinden, durch den wir (Nr. 80) den Strahl l_0 gelegt haben. Dann können wir, weil E längs e_3 auf Π_3 senkrecht steht, wie oben nach dem ersten Satz von Nr. 66 entweder in dem Grundriß und dem anschließenden Seitenriß oder in dem Aufriß und dem daneben gelegten Seitenriß konstruieren und müssen nur noch das Ergebnis in den jeweiligen dritten Riß übertragen.

83. Beispiele hierfür bieten Fig. 21 und Fig. 23 dar. In Fig. 21 ist der Seitenriß an den Grundriß angeschlossen. Der Strahl l_0 ist durch die Turmspitze O gelegt und in Q mit der wagerechten Ebene $AB\mathfrak{B}\mathfrak{A}$ geschnitten, deren Aufriß und Seitenriß gerade Linien sind. Die Strahlen, die zu l_0''' parallel durch H''', K''' usw. laufen, treffen die Gerade $A'''C'''$ $\equiv \mathfrak{A}'''\mathfrak{C}'''$ in den Seitenrissen $H_1''' \equiv K_1'''$ usw. der Schlagschatten, die von den Punkten H, K usw. auf die Dachfläche $AC\mathfrak{C}\mathfrak{A}$ fallen. Die zugehörigen Grundrisse H_1', K_1' usw. werden durch Ordnungslinien [1, 3] in die Grundrisse der durch H, K usw. laufenden Lichtstrahlen eingezeichnet; aus ihnen wieder ergeben sich auf den Aufrissen dieser Lichtstrahlen durch Ordnungslinien [1, 2] die zugehörigen Aufrisse H_1'', K_1'' usw., wobei der Satz von Nr. 37 eine Genauigkeitsprobe liefert.

In Fig. 23 ist ein Teil eines Gesimses dargestellt, das um einen Vorsprung geführt ist. Der Seitenriß ist links neben den Aufriß gelegt und der durch A gehende Lichtstrahl l_0 in Q mit der erweiterten Ebene $EF\mathfrak{F}\mathfrak{E}$ geschnitten, deren Grundriß die Gerade $E'\mathfrak{E}'$ und deren Seitenriß die Gerade $E'''F'''$ ist. Die Schlagschatten der Punkte A und B auf der Fläche $GH\mathfrak{H}\mathfrak{G}$, deren Seitenriß die Strecke $G'''H'''$ ist, haben zu Seitenrissen die Schnittpunkte A_1''' und B_1''' zwischen $G'''H'''$ und den Strahlen, die zu l_0''' parallel durch A''' und B''' laufen. Die zugehörigen Aufrisse A_1'' und B_1'' werden durch wagerechte Nebenordnungslinien [2, 3] eingezeichnet in die Strahlen, die zu l_0'' parallel durch A'' und B'' laufen.

Der Schlagschatten, den eine Gerade auf eine Ebene wirft.

84. *Der Schlagschatten einer Geraden g ist die Schnittlinie ihrer Schattenebene mit den Flächen, auf die er fällt.* Infolgedessen können wir die

Aufgabe: *Gegeben* sind die Lichtrichtung (l_0', l_0''), die Risse einer Geraden g und eine Ebene E. *Gesucht* sind die Risse des Schlagschattens, den g auf E wirft

lösen, indem wir nach Nr. 82 die Risse der Schlagschatten bestimmen, die irgend zwei Punkte von g auf E verursachen, und durch sie die geraden Linien legen. In dieser Weise sind z. B. in Fig. 20 die Schlagschatten ermittelt, welche die Geraden $\mathfrak{E}\mathfrak{D}$, $\mathfrak{D}\mathfrak{E}$ usw. auf die Rißtafeln werfen.

Ist g zur Grundrißtafel $\varPi_1$ senkrecht, so steht die Schattenebene gleichfalls auf $\varPi_1$ senkrecht und ist die erste projizierende Ebene aller Lichtstrahlen, die g treffen. Hieraus folgt erstens:

Eine Gerade, die zu einer Rißtafel senkrecht ist, wirft auf diese einen Schlagschatten, der zusammenfällt mit dem durch den Spurpunkt der Geraden laufenden Lichtstrahlriß. (In Fig. 20 z. B. haben die scheitelrechten Geraden $C\mathfrak{E}$, $F\mathfrak{F}$, $L\mathfrak{L}$, $N\mathfrak{N}$ in der Grundrißtafel die zu l_0' parallelen Schlagschatten $C_1\mathfrak{E}_1$, $F_1\mathfrak{F}_1$, $L_1\mathfrak{L}_1$, $N_1\mathfrak{N}_1$.)

Und zweitens:

Empfängt eine beliebige (auch krumme) Fläche von einer Geraden, die zu einer Rißtafel senkrecht ist, Schlagschatten, so fällt in dieser Tafel der Riß des Schlagschattens zusammen mit dem Lichtstrahlriß, der durch den Spurpunkt der Geraden läuft. (In Fig. 21 sind Beispiele hierfür die Grundrisse k_1', n_1' der Schlagschatten, welche die Turmkanten k, n auf die Dachfläche $AC\mathfrak{E}\mathfrak{A}$ werfen.)

Hier schließt sich an die

Aufgabe: *Gegeben* sind die Lichtrichtung (l_0', l_0''), der erste Spurpunkt G_1 einer scheitelrechten Geraden g und eine Ebene E durch die Risse zweier in ihr liegenden Geraden a, b. *Gesucht* ist der Aufriß des Schlagschattens, den g auf E wirft.

Wir lösen sie, indem wir durch G_1 die Parallele zu l_0' legen, ihre Schnittpunkte mit a' und b' durch Ordnungslinien auf a'' und b'' übertragen und die erhaltenen Punkte verbinden. Ein Beispiel hierfür bildet der Schlagschatten, den in Fig. 21 die Turmkante k auf die Dachfläche $AC\mathfrak{C}\mathfrak{A}$ wirft; dabei ist $a \equiv A\mathfrak{A}$ und $b \equiv K_1 H_1$ genommen.

85. *Der Schlagschatten, den eine Strecke auf die Fläche eines ebenen Vielecks wirft, ist die Durchdringungsstrecke zwischen dem Schattenstreifen der Strecke und dem Vieleck.* Deshalb folgt aus Nr. 69 eine Lösung der

Aufgabe: *Gegeben* sind die Lichtrichtung (l_0', l_0''), die Risse einer Strecke AB und die Risse eines ebenen Vielecks. *Gesucht* sind die Risse des Schlagschattens, den AB auf die Fläche des Vielecks wirft.

Aber man kommt oft mit weniger Hilfslinien aus, wenn man unmittelbar nach Nr. 82 die Risse der Schlagschatten aufsucht, die A und B oder irgend zwei andere Punkte der Geraden AB auf die nach Bedarf erweiterte Ebene des Vielecks werfen. Durch sie sind die Risse des Schlagschattens der ganzen Geraden AB bestimmt, und auf diesen werden durch die Risse der Schattenstrahlen von A und B und durch die Risse der Vielecksseiten die Strecken ausgeschnitten, die als Lösung der Aufgabe in Betracht kommen.

Besonders bequem ist es, wenn man sich dabei *des Schnittpunktes zwischen der Geraden AB und der Vieleckebene* bedienen kann; denn er fällt mit seinem Schlagschatten zusammen. So ist z. B. in Fig. 20 der Aufriß des Schlagschattens, den AB auf die Fläche $KL\mathfrak{L}\mathfrak{K}$ wirft, konstruiert mit Hilfe des Punktes X, in dem AB die erweiterte Ebene $KL\mathfrak{L}\mathfrak{K}$ trifft.

Der Schlagschatten, den eine Gerade auf eine andere wirft.

86. Bildet eine Ebene mit den Lichtstrahlen einen sehr spitzen Winkel, so ist die Bestimmung der auf sie fallenden Schlagschatten durch die bisher erörterten Verfahren ungenau. Wir suchen dann, wenn es sich um den Schlagschatten einer Geraden handelt, *die Punkte der Geraden, deren Schlagschatten auf zwei passend gewählte Geraden der Ebene fallen, und die Risse dieser Schlagschatten.* Wir führen also die Aufgabe zurück auf die — auch in anderen Fällen wichtige —

Aufgabe: *Gegeben* sind die Lichtrichtung (l_0', l_0'') und die Risse zweier windschiefen Geraden g und h. *Gesucht* sind die Risse desjenigen Punktes der näher an der Lichtquelle liegenden Geraden, dessen Schlagschatten auf die andere Gerade fällt, und die Risse dieses Schlagschattens.

Bei ihrer Lösung kommt es darauf an, eine zu l_0 parallele Gerade zu bestimmen, die g und h schneidet; von den beiden Schnittpunkten wirft der näher an der Lichtquelle gelegene seinen Schlagschatten auf den anderen. Es gibt — abgesehen von leicht erkennbaren und darum unwesentlichen Ausnahmen — stets eine einzige solche Gerade, die in verschiedener Weise konstruiert werden kann.

87. Steht eine der beiden gegebenen Geraden, etwa h, auf der Grundrißtafel senkrecht, so ziehen wir durch ihren ersten Spurpunkt H_1 die Parallele zu l_0', schneiden sie mit g' in G' und zeichnen in g'' durch die Ordnungslinie von G' den Punkt G'' und in h'' durch die aus G'' kommende Parallele von l_0'' den Punkt H'' ein. Die Punkte G und H, die durch G', G'' und durch $H' \equiv H_1$, H'' bestimmt werden, sind die Schnittpunkte von g und h mit der zu l_0 parallelen Geraden GH und folglich die gesuchten Punkte. Nehmen wir z. B. in Fig. 20 $g \equiv BC$ und $h \equiv L\mathfrak{L}$, so ist $G \equiv Y$ und $H \equiv Y_3$; aus der Anordnung der Risse erkennen wir, daß Y_3 von Y Schlagschatten empfängt.

Wenn eine der Geraden g und h auf der Aufriß- oder auf einer Seitenrißtafel senkrecht steht, verfahren wir in entsprechender Weise. So können z. B. in Fig. 21 aus Grund- und Seitenriß die Punkte U, V von KO und NO, deren Schlagschatten gerade auf $B\mathfrak{B}$ fallen, und diese Schlagschatten U_2, V_3 selbst bestimmt werden.

88. Steht keine der Geraden g und h auf einer Rißtafel senkrecht, so tritt *das Verfahren des Zurückschneidens* in Kraft: Wir ermitteln für g und h in der Grundrißtafel ihre Schlagschatten g_1 und h_1, ziehen durch den Schnittpunkt von g_1 und h_1 die Parallele zu l_0', die g' und h' in G' und H' begegnen möge, und schneiden durch die Ordnungslinien dieser Punkte in g'' und h'' die Punkte G'' und H'' ein. Die Verbindungsgerade der so bestimmten Punkte G, H ist den Schattenebenen beider Geraden g, h gemeinsam und deshalb zu l_0 parallel, so daß auch $G''H'' \parallel l_0''$ sein muß; sie ist also die gesuchte Gerade, und G und H sind die gesuchten Punkte.

Statt der Grundrißtafel können wir auch eine zu ihr parallele oder eine in anderer Weise bequeme Ebene zu Hilfe ziehen und müssen dann mit den Rissen der Schlagschatten von g und h geradeso verfahren, wie soeben mit g_1 und h_1. Wissen wir bereits, daß h die der Lichtquelle fernere Gerade ist, so können wir die Hilfsebene durch h hindurch legen und somit an die Stelle des Schlagschattens von h die Gerade h selbst setzen.

Die Schattengrenzen von Prismen und Pyramiden.

89. Aufgabe: *Gegeben* sind die Lichtrichtung (l_0', l_0'') und die Risse eines geraden Prismas, dessen Kanten auf einer Rißtafel senkrecht stehen. *Gesucht* ist die Eigenschattengrenze.

Wir nehmen das quadratische Prisma in Fig. 20 und unterscheiden an ihm die eigentlichen *Prismenflächen* $KL\mathfrak{L}\mathfrak{K}$, $LM\mathfrak{M}\mathfrak{L}$ usw. und die *Deckflächen* $KLMN$ und $\mathfrak{K}\mathfrak{L}\mathfrak{M}\mathfrak{N}$. Da die Prismenflächen im Grundriß, die Deckflächen im Aufriß als Strecken sich abbilden, die den scheinbaren Umrissen des Prismas angehören, zeigt im Grundriß der mit Pfeil versehene Strahl l_0', welche Prismenflächen dem Licht zugekehrt sind, und im Aufriß der mit Pfeil versehene Strahl l_0'', welche Deckfläche beleuchtet wird. Dies sind die Prismenflächen $KL\mathfrak{L}\mathfrak{K}$,

$KN\mathfrak{N}\mathfrak{K}$ und die Deckfläche $\mathfrak{K}\mathfrak{L}\mathfrak{M}\mathfrak{N}$; die übrigen Flächen sind im Eigenschatten, und somit erhalten wir als Eigenschattengrenze den Kantenzug $KL\mathfrak{L}\mathfrak{M}\mathfrak{N}NK$, durch den die beleuchteten Flächen von den übrigen getrennt werden. In derselben Weise ergibt sich bei der sechsseitigen Platte in Fig. 20 als Eigenschattengrenze der Kantenzug $ABC\mathfrak{C}\mathfrak{D}\mathfrak{E}\mathfrak{F}FA$.

Mit Hilfe einer Seitenrißtafel, die zu den Prismenkanten senkrecht steht, behandeln wir in derselben Weise ein gerades Prisma, dessen Kanten wagerecht sind. Für das Dach $ABC\mathfrak{A}\mathfrak{B}\mathfrak{C}$ z. B. in Fig. 21 konstruieren wir — wie in Nr. 83 — den an den Grundriß anschließenden Seitenriß mitsamt dem Strahl l_0''' und erkennen aus Seitenriß und Grundriß — wie vorher aus Grundriß und Aufriß —, daß die Eigenschattengrenze der Kantenzug $ACB\mathfrak{B}\mathfrak{A}A$ ist.

90. Aufgabe: *Gegeben* sind die Lichtrichtung (l_0', l_0'') und die Risse eines Körpers mit bekannter Eigenschattengrenze. *Gesucht* ist die Grenze des Schlagschattens, den er auf die Grundriß- oder Aufrißtafel wirft.

Betrachten wir zunächst jeden der beiden prismatischen Körper in Fig. 20 für sich allein, so erhalten wir nach dem Satz von Nr. 78 ihre Schlagschattengrenze in der Grundrißtafel aus ihren nach Nr. 89 bekannten Eigenschattengrenzen: Wir ermitteln nach Nr. 81 die Schlagschatten der Punkte K, L, $\mathfrak{L}$, $\mathfrak{M}$, $\mathfrak{N}$, N bzw. A, B, C, $\mathfrak{C}$, $\mathfrak{D}$, $\mathfrak{E}$, $\mathfrak{F}$, F in der Grundrißtafel und verbinden sie, indem wir dabei zur Erhöhung der Genauigkeit die Sätze von Nr. 79 beachten, nach denen $\mathfrak{C}_1\mathfrak{D}_1 \parallel A_1F_1 \parallel \mathfrak{C}'\mathfrak{D}' \parallel A'F'$ usw. sind. In genau entsprechender Weise können wir die Grenzen der Schlagschatten konstruieren, welche die beiden Körper auf die Aufrißtafel oder irgend andere Körper, deren Eigenschattengrenze wir kennen, auf eine der beiden Tafeln werfen.

Jedoch geben wir Schlagschatten, die auf die Grund- oder Aufrißtafel fallen, überhaupt nur dann an[1])*, wenn die betreffende Tafel sich als eine zu der Aufgabe gehörige feste Boden- oder Wandfläche auffassen läßt.*

91. Sind beide Tafeln als feste Flächen zu behandeln, so kann Schlagschatten nur auf der vorderen Hälfte Π_1^+ der Grundrißtafel und auf der oberen Hälfte Π_2^+ der Aufrißtafel liegen. Seine Grenze ist also die Durchdringungslinie des Schattenprismas der Eigenschattengrenze mit den Halbebenen Π_1^+ und Π_2^+ und muß, wenn sie sich über beide erstreckt, aus zwei ebenen, in Punkten der Rißachse a_{12} zusammenhängenden Streckenzügen bestehen.

---

[1]) Schattengrenzen, die nicht Körperkanten sind, werden in den Rissen mit feinen Strichen verdünnter schwarzer Tusche ausgezogen. Die auf sichtbaren Flächen liegenden Schatten werden mit leichten Tuschlagen (von Lampenschwarz oder *angeriebener* chinesischer Tusche) angelegt, und zwar die Eigenschatten einfach, die Schlagschatten mehrfach. Materialfarben werden erst nachträglich sowohl auf die hellen als auch auf die bereits schattierten Flächen aufgetragen.

In Fig. 20 z. B. wird die Schlagschattengrenze der sechsseitigen prismatischen Platte in der Grundrißtafel durch ihre Schnittpunkte $\mathfrak{S}_1$, T_1 mit a_{12} in zwei Streckenzüge $T_1 A_1 B_1 C_1 \mathfrak{C}_1 \mathfrak{D}_1 \mathfrak{S}_1$ und $\mathfrak{S}_1 \mathfrak{C}_1 \mathfrak{F}_1 F_1 T_1$ geteilt, von denen nur der erste als Schlagschattengrenze für Π_1^+ in Betracht kommt. Die Schlagschattengrenze auf Π_2^+ rührt von demselben Teil der Eigenschattengrenze her wie der zweite Streckenzug, also — da $\mathfrak{S}_1$ und T_1 auf $\mathfrak{D}\mathfrak{C}$ und AF die Punkte $\mathfrak{S}$ und T bestimmen, die ihre Schlagschatten gerade auf a_{12} werfen — von dem Teil $\mathfrak{S}\mathfrak{C}\mathfrak{F}FT$. Von den Schlagschatten in Π_2^+ sind $\mathfrak{S}_2 \equiv \mathfrak{S}_1$, $T_2 \equiv T_1$ und können $\mathfrak{C}_2$, $\mathfrak{F}_2$, F_2 nach Nr. 81 konstruiert werden. Aber es ist oft bequemer, wenn wir nur etwa $\mathfrak{C}_2$ in solcher Weise aufsuchen und auf Grund des letzten Satzes von Nr. 81 $\mathfrak{F}_2$, F_2 — und etwaige weitere Punkte — dadurch ermitteln, daß wir durch $\mathfrak{F}_1$, F_1 usw. die Parallelen zu $\mathfrak{C}_1\mathfrak{C}_2$ legen und mit den durch $\mathfrak{F}''$, F'' usw. laufenden Lichtstrahlaufrissen schneiden. Deshalb merken wir uns die Vorschrift:

Werden die beiden Tafeln als feste Flächen gedacht, so sucht man zunächst — ohne Rücksicht auf die Undurchsichtigkeit der Aufrißtafel — die vollständige Schlagschattengrenze in der Grundrißtafel auf und ersetzt mit Hilfe des letzten Satzes von Nr. 81 ihren oberhalb der Rißachse liegenden Teil durch den entsprechenden Teil der in die Aufrißtafel fallenden Schlagschattengrenze.

92. Besitzt der zu untersuchende konvexe Körper ebene Flächen, die zu keiner Rißtafel senkrecht sind, so läßt sich die Entscheidung darüber, ob sie beleuchtet oder dunkel sind, so einfach nicht finden. Wir benützen dann die Tatsache, daß die Schattenstrahlen der Eckpunkte und die Schattenstreifen der Kanten des Körpers in seinem Schattenraum enthalten sind und somit von dem Schattenprisma der Eigenschattengrenze umschlossen werden, soweit sie nicht zu diesem selbst gehören. Konstruieren wir also die Schlagschatten, die durch die Eckpunkte und Kanten des Körpers auf irgendeine Fläche geworfen werden, so entsteht ein Liniennetz, dem die Schlagschattengrenze — es umschließend — angehört. Hieraus folgt:

Ist die Eigenschattengrenze eines konvexen, ebenflächig begrenzten Körpers unbekannt, so ergibt sich die Grenze des Schlagschattens, den er auf eine Ebene wirft, als der äußerste Linienzug, der aus den Schlagschatten der Kanten des Körpers gebildet werden kann. Dann besteht nach dem Satz von Nr. 78 die Eigenschattengrenze aus den Kanten, von denen jener Linienzug herrührt.

Vergleichen wir wieder, wie in Nr. 79, die Schlagschatten mit Rissen, die durch Parallelprojektion entstehen, so erkennen wir, daß die Eigenschattengrenze dem wahren und die Schlagschattengrenze dem scheinbaren Umriß entspricht (vgl. Nr. 16). Ein Unterschied liegt darin, daß man zur Bestimmung des scheinbaren Umrisses die Risse aller Körperkanten zur Verfügung hat, dagegen *bei der Bestimmung der Schlagschattengrenze nach dem obigen Satz nur die Schlagschatten der dabei unbedingt notwendigen Kanten aufsuchen wird.*

93. Aufgabe: *Gegeben* sind die Lichtrichtung (l_0', l_0'') und die Risse einer Pyramide, deren Grundfläche wagerecht liegt und deren Spitze nach oben zeigt. *Gesucht* ist die Eigenschattengrenze der Pyramide.

Wir nehmen als Beispiel in Fig. 21 die gerade quadratische Pyramide $HKMNO$ und bestimmen mit Hilfe des Seitenrisses nach Nr. 83 die Grundrisse der Schlagschatten H_1, K_1, M_1, N_1, O_1, die ihre Eckpunkte auf die — ohnehin für die Figur wichtige — Ebene der Dachfläche $AC\mathfrak{C}\mathfrak{A}$ werfen. Aus ihnen bilden wir das größte mögliche Viereck, das Viereck $H_1'K_1'O_1'N_1'$. Dieses ist der Grundriß der Schlagschattengrenze der Pyramide und zeigt, daß der Kantenzug $HKONH$ die Eigenschattengrenze ist. Von den beiden Teilen, in die sich hierdurch die Oberfläche der Pyramide zerlegt, ist der aus den Dreiecken HKO und HNO bestehende beleuchtet, weil zu dem anderen die Fläche $HKMN$ gehört, die — wie der Aufriß zeigt — im Eigenschatten liegt.

Aber die Eigenschattengrenze würde bei steiler einfallendem Licht anders ausfallen. Läge nämlich O_1' nahe an $M_1'N_1'$ oder im Innern des Parallelogrammes $H_1'K_1'M_1'N_1'$, so wäre das Fünfeck $H_1'K_1'M_1'O_1'N_1'$ oder das Viereck $H_1'K_1'M_1'N_1'$ der Grundriß der Schlagschattengrenze und somit der Kantenzug $HKMONH$ oder $HKMNH$ die Eigenschattengrenze der Pyramide; dann läge nur das Dreieck MNO im Eigenschatten oder wären sogar alle vier Dreiecke beleuchtet.

Die Schatten zusammengesetzter Körper.

94. *Ragt in den Schattenraum eines konvexen, ebenflächig begrenzten Körpers ein zweiter, ebensolcher, hinein, so fällt Schlagschatten auf den dem Licht zugekehrten Teil seiner Oberfläche, während der im Eigenschatten befindliche Teil ungeändert bleibt.* Die Schlagschattengrenze ist die Durchdringungslinie des zuerst genannten Oberflächenteiles mit dem Schattenprisma des ersten Körpers und kann als solche nach Nr. 71 konstruiert werden. *Besser jedoch setzen wir die Schlagschattengrenze zusammen aus den Schlagschatten, die von der Eigenschattengrenze des ersten Körpers auf die in Frage kommenden Flächen des zweiten Körpers geworfen werden.*

In Fig. 20 z. B. kennen wir nach Nr. 89 die Eigenschattengrenzen der beiden prismatischen Körper und ersehen aus dem Grundriß, daß auf die dem Licht zugekehrten Flächen $KL\mathfrak{L}\mathfrak{K}$ und $KN\mathfrak{N}\mathfrak{K}$ Schlagschatten fallen, deren Grenzen von dem Kantenzug ABC herrühren. Da wir nun Schatten nur auf sichtbaren Flächen andeuten können, genügen für die Bestimmung der Schlagschattengrenze die bereits gefundenen Punkte B_3'' (Nr. 82), X'' (Nr. 85), Y_3'' (Nr. 87) des Aufrisses.

95. *Wenn die Eigenschattengrenze des ersten Körpers nach Nr. 92 aufgesucht werden muß, so benützen wir dazu eine — nötigenfalls erweiterte — ebene Fläche des zweiten Körpers, auf der wir ohnedies einen beträchtlichen Teil der Schlagschattengrenze ermitteln müssen. Dies ist*

z. B. in Fig. 21 nach Nr. 93 für das Turmdach $HKMNO$ auf der Ebene der Dachfläche $AC\mathfrak{C}\mathfrak{A}$ ausgeführt.

Greift der Schlagschatten von dieser Fläche auf eine Nachbarfläche über, so geschieht dies in derselben Weise wie in Nr. 91 bei den beiden Rißtafeln. In Fig. 21 z. B. zeigt das durch $C'\mathfrak{C}'$ abgeschnittene Dreieck $S'O_1'T'$, daß ein Teil des Schlagschattens des Turmdaches auf die Dachfläche $BC\mathfrak{C}\mathfrak{A}$ fällt; der Grundriß seiner Grenze besteht aus den zwischen $B'\mathfrak{B}'$ und $C'\mathfrak{C}'$ liegenden Stücken $S'U_2'$ und $T'V_2'$ der Geraden, die S' und T' mit dem — nach dem Verfahren von Nr. 82 und Nr. 83 konstruierten — Grundriß O_2' des von O auf die Ebene $BC\mathfrak{C}\mathfrak{B}$

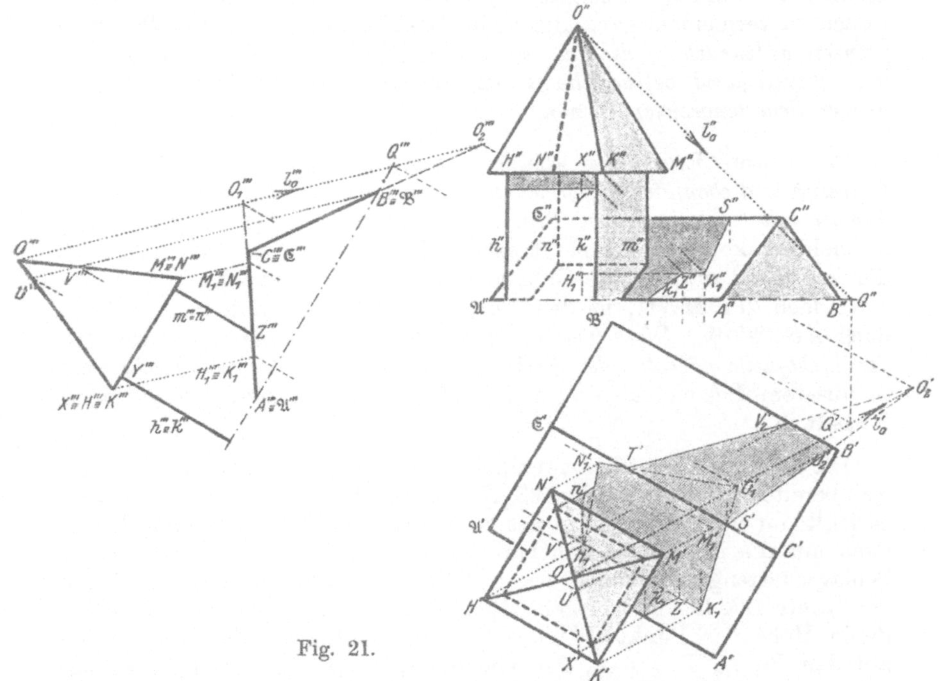

Fig. 21.

fallenden Schlagschattens verbinden. Wird die Bestimmung von O_2' durch einen schleifenden Schnitt bei O_2''' ungenau, so können U_2', V_2' nach Nr. 87 mit Hilfe der Punkte U''', V''' und U', V' konstruiert werden.

Auch hierbei brauchen wir nur die sichtbaren Teile der Schlagschattengrenze anzugeben. Also genügt es, im Aufriß von Fig. 21 den Punkt K_1'' auf der durch K'' laufenden Parallelen von l_0'' und den Punkt S'' auf $C''\mathfrak{C}''$ durch Ordnungslinien einzuzeichnen und (nach dem letzten Satz von Nr. 79) $K_1''H_1''$ parallel zu $K''H''$ zu ziehen.

96. *Für die Begrenzung des Schlagschattens, welchen die beiden in Nr. 94 vorausgesetzten Körper zusammen auf eine Fläche werfen, liefern* *keinen Beitrag die Stücke der Eigenschattengrenze des ersten Körpers, von denen die auf dem zweiten Körper liegende Schlagschattengrenze herrührt, und die Stücke der Eigenschattengrenze des zweiten Körpers, die im Schattenraum des ersten Körpers verlaufen.* Die letzteren trennen nicht mehr im Eigenschatten befindliche Oberflächenteile des zweiten Körpers von beleuchteten, sondern von solchen, die Schlagschatten tragen.

Ein Beispiel hierfür bilden in Fig. 20 der mittlere Teil des Kantenzuges ABC und der obere Teil des Kantenzuges $L\mathfrak{LMN}N$; für die Schlagschattengrenze in der Grundrißtafel brauchen die von ihnen herrührenden Stücke, also insbesondere die Punkte $\mathfrak{L}_1$, $\mathfrak{M}_1$, $\mathfrak{N}_1$ nicht angegeben zu werden. Überhaupt werden wir, um unnötige Konstruktionen zu vermeiden, ganz allgemein darauf achten, *nur solche Schattengrenzen aufzusuchen, die auf sichtbaren Flächen in verschiedenem Beleuchtungszustand befindliche Gebiete trennen oder zur Ermittlung derartiger Schattengrenzen dienen.*

97. Unsere Ergebnisse können wir auf *Gruppen von beliebig vielen konvexen und ebenflächig begrenzten Körpern* ausdehnen und dürfen auch *Körper mit vorspringenden Teilen* hinzunehmen, da jeder solche sich in mehrere konvexe Körper zerschneiden läßt. So zerlegt sich z. B. der in Fig. 21 dargestellte Gebäudeteil in drei konvexe Körper, in das Turmdach $HKMNO$, in den Turmkörper $h\,k\,m\,n$ und in das Hausdach $ABC\mathfrak{ABC}$. *Diese Teilkörper untersuchen wir, indem wir von dem der Lichtquelle nächsten der Reihe nach zu den entfernteren fortschreiten,* in unserem Beispiel also vom Turmdach zum Turmkörper und zum Hausdach.

Die hierfür in Fig. 21 notwendigen Konstruktionen sind zum größten Teil bereits ausgeführt (in Nr. 83, Nr. 84, Nr. 87, Nr. 89, Nr. 93, Nr. 95); es fehlt nur noch die Grenze des Schlagschattens, der von dem Turmdach auf die im Aufriß sichtbare Fläche $(h\,k)$ geworfen wird. Diese Schlagschattengrenze rührt, wie der Grundriß lehrt, von einem Stück der Kante HK her und besteht deshalb aus einer wagerechten Strecke, deren Höhe der Punkt Y''' des Seitenrisses angibt; sie trifft gerade auf den Punkt Y von k, der von einem Punkt X von HK Schlagschatten empfängt. Dieser Punkt X, dessen Risse nach Nr. 87 zu ermitteln sind, begrenzt den Teil von HK, dessen Schlagschatten vom Turmkörper aufgenommen wird. Dagegen fällt der Schlagschatten von XK auf die Dachfläche $AC\mathfrak{CA}$; er ist die Strecke ZK_1, wenn Z der Schnittpunkt von k_1 und H_1K_1 und somit nach Nr. 88 der Schnittpunkt des Strahles XY und der Dachfläche $AC\mathfrak{CA}$ ist. Hieraus können wir den folgenden Satz ziehen:

Wenn der Schlagschatten, den eine Gerade auf eine Fläche wirft, in einem Punkt Y auf eine Eigenschattengrenze k stößt, so bricht er dort ab und setzt sich auf der nächsten dafür in Betracht kommenden Fläche von dem Punkt Z aus fort, den der Schattenstrahl von Y in die von k herrührende Schlagschattengrenze einzeichnet.

98. Aufgabe: *Gegeben* sind in Fig. 22 Grund- und Aufriß eines Stückes einer Treppe und die Lichtrichtung (l'_0, l''_0). *Gesucht* sind die Risse der Eigen- und Schlagschattengrenzen.

Die konvexen Körper, aus denen sich die Treppe zusammensetzt, sind die Wange und die einzelnen Stufen. Wir konstruieren nach Nr. 82 einen an den Grundriß anschließenden Seitenriß, dessen Tafel zu den Flächen der Stufen senkrecht steht, und in ihm den Strahl $l'''_0 \equiv B'''Q'''$, der gerade die Seitenrißspur der Trittfläche der untersten Stufe in B'''_1 trifft. Aus dem Grundriß und dem Seitenriß schließen wir nun: Die Kanten AB und BC bilden die Eigenschattengrenze der Wange und erzeugen die Grenze des Schlagschattens, der über die Stufen fällt. Die Ecke B wirft ihren Schlagschatten auf die Trittfläche der untersten Stufe in den Punkt B_1, dessen Seitenriß B''_1 ist und dessen Grundriß B'_1 auf l'_0 liegt. (Genauigkeitsprobe: B''_1 muß der Schnittpunkt zwischen l''_0 und der Aufrißspur dieser Trittfläche sein.) Die Strecke $A'B'_1$ ist der Grundriß des von AB herrührenden Schlagschattens und bestimmt für das Stück desselben, das scheitelrecht auf der Vorderfläche der untersten Stufe verläuft und nur im Aufriß sichtbar ist, den Grundrißspurpunkt durch ihren Schnittpunkt mit der Grundrißspur jener Vorderfläche.

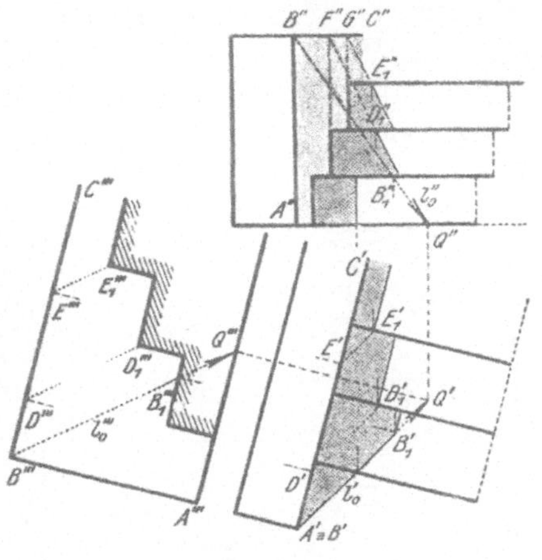

Fig. 22.

Mit Hilfe des Seitenrisses ermitteln wir ferner nach Nr. 87 die Punkte D, E von BC, deren Schlagschatten gerade auf die Vorderkanten der beiden oberen Stufen fallen, und diese Schattenpunkte D_1, E_1 selbst. Der Schlagschatten von BC ist im Grundriß nur auf den Trittflächen der drei Stufen sichtbar und verläuft dort von B'_1, D'_1, E'_1 aus parallel zu $B'C'$ Im Aufriß dagegen ist er nur auf den Vorderflächen der beiden oberen Stufen sichtbar und gehört, wenn BC die nach oben erweiterten Vorderflächen in F und G trifft, den untereinander parallelen Geraden $F''D''_1$, $G''E''_1$ an.

99. Aufgabe: *Gegeben* sind in Fig. 23 für ein Stück eines Gesimses Grund- und Aufriß und die Lichtrichtung (l'_0, l''_0). *Gesucht* sind die Aufrisse der Eigen- und Schlagschattengrenzen.

Das Gesims ist um einen rechtwinkligen Mauervorsprung herumgeführt und zerfällt in die folgenden konvexen Körper: I, die Platte $\mathfrak{A}AEFB\mathfrak{B}$; II, die Platte mit der Vorderfläche $E\mathfrak{C}\mathfrak{F}F$; III, den Pyramidenstumpf $\mathfrak{C}CGHD\mathfrak{D}$; IV, die Fläche $G\mathfrak{G}\mathfrak{H}H$. Wir ziehen wieder einen Seitenriß zu Hilfe, dessen Tafel zu den Kanten $\mathfrak{A}A$, $\mathfrak{B}B$ usw. senkrecht steht, und legen ihn neben den Aufriß, weil dieser eine anschaulichere Ansicht als der Grundriß darbietet; dabei wird $l_0''' \equiv A'''Q'''$ wie in Nr. 83 konstruiert.

Als die Eigenschattengrenze von I erkennen wir nach Nr. 89 den Kantenzug $\mathfrak{B}BAE$ und als diejenige von II die Kante $F\mathfrak{F}$. Die Fläche $\mathfrak{C}CD\mathfrak{D}$ von III und die Fläche IV sind dem Licht zugekehrt. Um zu entscheiden, ob die Fläche $CGHD$ im Eigenschatten liegt oder nicht, konstruieren wir nach Nr. 87 den Aufriß des Punktes N_1 von $H\mathfrak{H}$, auf den gerade von einem Punkt N der Kante CD Schlagschatten fällt, und legen durch ihn, da CD der Fläche IV parallel ist, zu $C''D''$ parallel den Aufriß des von CD auf diese Fläche geworfenen Schlag-

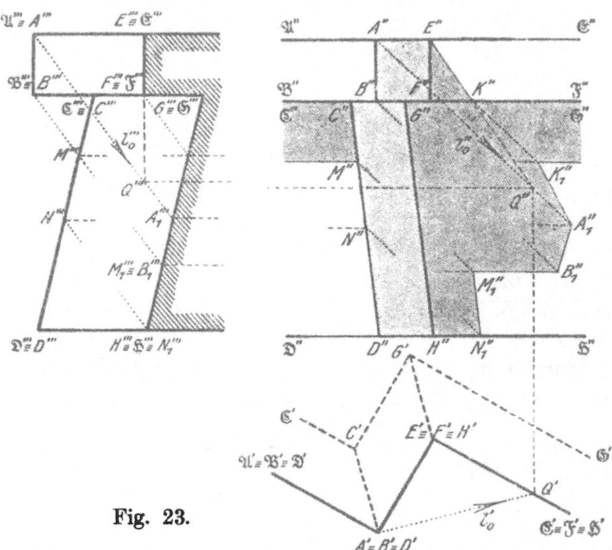

schattens; wir erkennen, daß wir hiermit einen Teil der vom Körper III herrührenden Schlagschattengrenze gewonnen haben, und schliessen daraus, daß CD Eigenschattengrenze von III ist und daß die Fläche $CGHD$ im Eigenschatten liegt.

Der Schlagschatten von $\mathfrak{B}B$ fällt auf die Flächen $\mathfrak{C}CD\mathfrak{D}$ und IV. Sein Aufriß liegt zunächst in

Fig. 23.

der Nebenordnungslinie [2, 3] des Punktes M''', in dem die Strecke $\mathfrak{C}'''\mathfrak{D}''' \equiv C'''D'''$ von der durch $\mathfrak{B}''' \equiv B'''$ zu l_0''' gelegten Parallelen geschnitten wird. Er trifft auf $C''D''$ in dem Punkt M'' und springt von diesem (auf Grund des letzten Satzes von Nr. 97) in zu l_0'' paralleler Richtung nach dem Punkt M_1'' der Geraden, die wir soeben als Aufriß des Schlagschattens von CD konstruiert haben. Von M_1'' verläuft er auf der Fläche IV bis zu dem — schon in Nr. 83 gefundenen — Aufriß B_1'' des von B herrührenden Schlagschattens; und zwar liegt er wiederum in einer Nebenordnungslinie [2, 3], nämlich in $B_1'''B_1''$.

Der Schlagschatten von AE fällt auf die Flächen $E\mathfrak{C}\mathfrak{F}F$ und IV. Sein Aufriß ist zunächst, weil Q der von A auf die erweiterte Fläche $E\mathfrak{C}\mathfrak{F}F$ geworfene Schlagschatten ist, das durch $F''\mathfrak{F}''$ abgeschnittene Stück $E''K''$ von $E''Q''$ und springt von K'' in zu l_0'' paralleler Richtung nach dem Punkt K_1'' der Nebenordnungslinie [2, 3] von M'''', die, wie sofort ersichtlich ist, auch den Aufriß des von $F\mathfrak{F}$ herrührenden Schlagschattens trägt. Von K_1'' verläuft er geradlinig nach dem Punkt A_1'', den wir schon in Nr. 83 als Aufriß des Schlagschattens von A gefunden haben. Die Strecke $A_1''B_1''$ endlich ist der Aufriß des Schlagschattens der Kante AB.

VI. Neigungswinkel und Umlegungen einer Ebene.

Die Neigungswinkel einer Ebene gegen die Tafeln.

100. Der Neigungswinkel ε_1, den eine Ebene E gegen die Grundrißtafel Π_1 bildet, ist der spitze Winkel zwischen den Geraden, die aus E und Π_1 durch eine der zu ihnen gleichzeitig senkrechten Ebenen ausgeschnitten werden. Diese beiden Geraden sind nach Nr. 63 eine erste Fallinie von E und ihr Grundriß; deshalb' ist ε_1 zugleich der Neigungswinkel dieser Fallinie gegen Π_1. Also folgt der — sogleich allgemein auszusprechende — Satz:

Der Neigungswinkel einer Ebene gegen eine Rißtafel ist zugleich der Neigungswinkel der auf diese Tafel bezüglichen Fallinien der Ebene.

Wenn wir eine der Ebenen, die sowohl auf der gegebenen Ebene E als auch auf der Grundrißtafel Π_1 senkrecht stehen, als Seitenrißtafel Π_3 benutzen, so schließen die dritte Spur e_3 von E und die Rißachse a_{13} — als die Schnittlinien zwischen Π_3 einerseits und E und Π_1 andererseits — den Winkel ε_1 ein. Da Π_3 auf der Grundrißspur e_1 und somit auf den ersten Hauptlinien von E senkrecht steht, erhalten wir hierdurch die folgende Ergänzung des zweiten Satzes von Nr. 63:

Steht die Tafel eines an den Grundriß anschließenden Seitenrisses zu den ersten Hauptlinien einer Ebene E senkrecht, so ist der spitze Winkel zwischen der dritten Spur e_3 von E und der Rißachse a_{13} gleich dem Neigungswinkel von E gegen die Grundrißtafel.

101. Ist in Fig. 24 die Ebene E durch die Risse eines Dreiecks PQR gegeben, so suchen wir zuerst nach Nr. 61 die Risse einer ersten Hauptlinie t — etwa der durch R gehenden — auf und bestimmen dann nach Nr. 62 die Risse einer ersten Fallinie, indem wir aus P' das Lot $P'P_1'$ auf t' fällen, durch die Ordnungslinie seines Fußpunktes P_1' in t'' den Punkt P_1'' einzeichnen und die Gerade $P''P_1''$ ziehen. Der Neigungswinkel, den die Fallinie PP_1 gegen Π_1 besitzt, ist zugleich der Neigungswinkel ε_1 von E und wird nach dem ersten Satz von Nr. 47 konstruiert. Dabei benötigen wir des Höhenunterschiedes h zwischen P_1'' und P''; aber da h bereits als Abstand zwischen P'' und t'' gegeben ist, brauchen P_1'' und $P''P_1''$ gar nicht in die Figur eingetragen zu werden. Deshalb ergibt sich die folgende Vorschrift:

Den Neigungswinkel ε_1 einer Ebene E gegen die Grundrißtafel ermittelt man aus den Rissen P', P'' eines Punktes und den Rissen t', t''

einer ersten Hauptlinie von E, *indem man das bei* P' *rechtwinklige* „*Neigungsdreieck*" *konstruiert, dessen eine Kathete das von* P' *auf* t' gefällte Lot und dessen andere Kathete gleich dem Abstande zwischen P'' und t'' ist: ε_1 liegt in diesem Dreieck der zweiten Kathete gegenüber.*

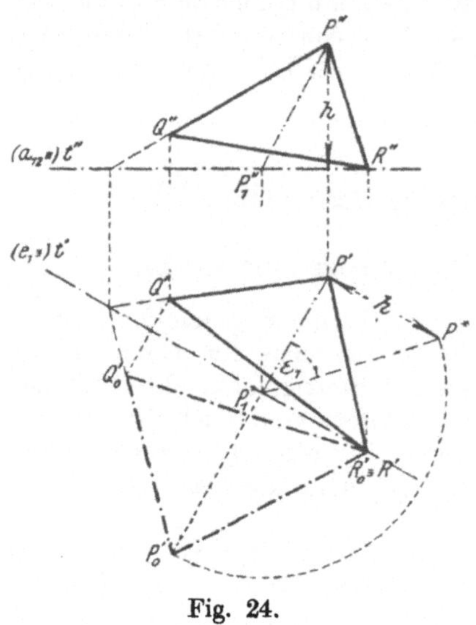

Fig. 24.

Wenn wir nach dem zweiten Satz von Nr. 63 einen an den Grundriß anschließenden Seitenriß konstruieren, dessen Tafel auf t senkrecht steht und für den R''' in den Punkt P_1' fällt, so ist $P''' = P*$ und somit $P_1' P*$ die dritte Spur e_3 von E, in der ja die Seitenrisse aller Punkte von E enthalten sind. Das heißt:

Die Hypotenuse des Neigungsdreiecks kann stets aufgefaßt werden als ein Seitenriß von E *im Sinne des zweiten Satzes von Nr. 100.*

Die entsprechenden Sätze gelten für den Neigungswinkel einer Ebene gegen die Aufrißtafel.

Ebenen mit einem gegebenen Neigungswinkel.

102. Die gewonnenen Sätze können wir auch für den Fall anwenden, daß die Ebene E durch ihre Spuren e_1, e_2 gegeben ist. Wir brauchen dann nur nach Nr. 58 die Risse irgendeines in ihr enthaltenen Punktes P aufzusuchen und, wie es in Fig. 24 angedeutet ist, die Grundrißspur e_1 und die Rißachse a_{12} an die Stellen von t' und t'' zu setzen. Diese Gestaltung der Aufgabe der Bestimmung des Neigungswinkels ist nützlich für Aufgaben, die Umkehrungen jener sind. Zuerst behandeln wir die

Aufgabe: *Gegeben* sind die Grundrißspur e_1 einer Ebene E, die Größe α ihres Neigungswinkels gegen die Grundrißtafel und der Grundriß P' eines in E liegenden Punktes P. *Gesucht* sind die Aufrißspur e_2 von E und der Aufriß P'' von P.

Fällen wir in Fig. 25 aus P' das Lot $P'P_1' = m$ auf e_1, so ist durch diese Strecke und den Winkel $\varepsilon_1 = \alpha$ das Neigungsdreieck $P_1' P' P*$ (vgl. Fig. 24) bestimmt und durch dessen Kathete $P'P*$ der Abstand $h = P_{12}P''$ zwischen P'' und a_{12}. Aber wir können, wenn α an der Rißachse a_{12} angetragen ist, die Konstruktion von h durch eine von Fig. 24 abweichende Anordnung sehr einfach gestalten: Wir legen in Fig. 25 vom Scheitel A des Winkels α aus auf a_{12} $AB = m$ ab, schneiden den anderen Schenkel von α mit der durch B laufenden scheitelrechten Geraden in C und ziehen durch C die Wagerechte; auf dieser und der Ordnungslinie von P' liegt P''. Dabei sind zwei gleichberechtigte Möglichkeiten vorhanden, da C und P'' sowohl oberhalb als auch unterhalb von a_{12} fallen können. Wir wählen in Fig. 25 die erste von ihnen und bestimmen e_2 nach der ersten Aufgabe in Nr. 59.

103. Aus dem Neigungsdreieck $P_1' P' P^*$ (Fig. 24) folgt, daß $P'P_1' = h \operatorname{ctg} \varepsilon_1$ ist. h ist bekannt, sobald die Rißachse a_{12} und die Risse von P gegeben sind. Also besitzen für alle Ebenen, die durch P gehen und gegen die Grundrißtafel um denselben Winkel ε_1 geneigt sind, die aus P' auf die Grundrißspuren gefällten Lote dieselbe Länge $r = h \operatorname{ctg} \varepsilon_1$. Hieraus ergibt sich der Satz:

Die Grundrißspuren der Ebenen, die durch einen Punkt P gehen und gegen die Grundrißtafel denselben Neigungswinkel ε_1 bilden, sind Tangenten eines Kreises, dessen Mittelpunkt der Grundriß von P ist und dessen Halbmesser r mit dem Abstand h zwischen P und der Grundrißtafel in der Beziehung $r = h \operatorname{ctg} \varepsilon_1$ steht.

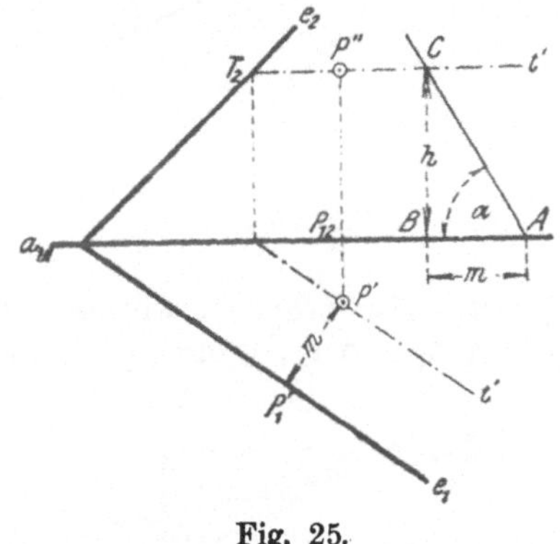

Fig. 25.

Sind nun wie in Fig. 26 D und E zwei Ebenen, die gegen die Grundrißtafel gleich geneigt sind und eine Schnittgerade g besitzen, so führt nach dem letzten Satz jeder Punkt P von g zu einem Kreise k, der von den Grundrißspuren d_1 und e_1 berührt wird und dessen Mittelpunkt als Grundriß von P auf dem Grundriß g' liegt. Deshalb sind für jeden Punkt von g' die Abstände gleich, die er von d_1 und e_1 besitzt. Das heißt:

Die Schnittgerade zweier Ebenen, die gegen die Grundrißtafel gleiche Neigungswinkel besitzen, hat zum Grundriß die eine Winkelhalbierende zwischen den Grundrißspuren der Ebenen oder, wenn die Grundrißspuren einander parallel sind, ihre Mittelparallele.

104. Die Umkehrung dieses Satzes führt zu der

Aufgabe: *Gegeben sind die Risse einer Geraden g und ein Winkel α. Gesucht sind die Grundrißspuren der Ebenen, die g enthalten und gegen die Grundrißtafel um den Winkel $\varepsilon_1 = \alpha$ geneigt sind.*

Zu ihrer Lösung bestimmen wir zuerst in Fig. 26 auf bekannte Weise (Nr. 44) den ersten Spurpunkt G_1 von g; durch ihn müssen die gesuchten Grundrißspuren gehen. Darauf wählen wir beliebig die Risse eines Punktes P von g und konstruieren den Kreis k, der nach dem ersten Satz von Nr. 103 zu P und dem Neigungswinkel $\varepsilon_1 = \alpha$ gehört; sein Mittelpunkt ist P', und sein Halbmesser r ist, wenn der eine Schenkel des gegebenen Winkels α zu der Rißachse a_{12} parallel läuft, die Strecke $RP_{12} = P_{12}P'' \operatorname{ctg}\alpha$, die auf a_{12} durch $P'P''$ und

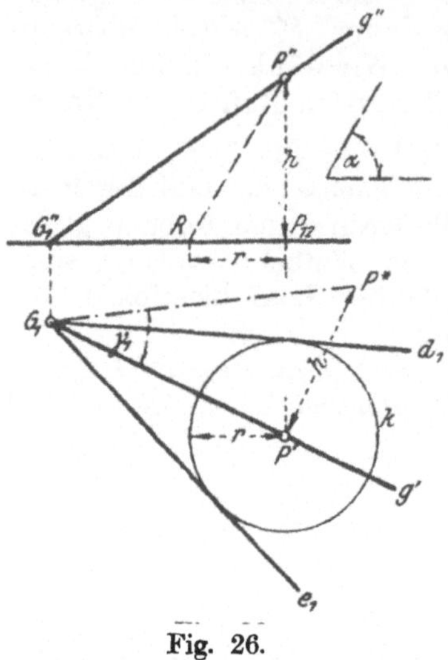

die zu dem zweiten Schenkel von α parallele Gerade $P''R$ ausgeschnitten wird. Da jede durch g gehende Ebene auch den Punkt P enthält, müssen die gesuchten Grundrißspuren den Kreis k berühren und sind deshalb die aus G_1 an k zu legenden Tangenten[1]). Also hat die Aufgabe zwei Lösungen, eine Lösung oder keine, je nachdem G_1 außerhalb des Kreises k, auf ihm oder in seinem Innern liegt.

Wenn wir das bei P' rechtwinklige Dreieck $G_1P'P^*$ mit $P'P^* = P_{12}P''$ zeichnen, so ist nach Nr. 47 der Neigungswinkel der Geraden g gegen die Grundrißtafel $\gamma_1 = \sphericalangle P'G_1P^*$ und somit $P'G_1 = h \operatorname{ctg}\gamma_1$. Da nun $r = h \operatorname{ctg}\alpha$ ist und α und γ_1 spitze Winkel sind, ist $P'G_1 > r$ für $\gamma_1 < \alpha$, $P'G_1 = r$ für $\gamma_1 = \alpha$, $P'G_1 < r$ für

Fig. 26.

$\gamma_1 > \alpha$. Also erhalten wir als Lösungen der Aufgabe zwei Grundrißspuren d_1 und e_1, wenn $\gamma_1 < \alpha$, eine Grundrißspur, wenn $\gamma_1 = \alpha$, und keine, wenn $\gamma_1 > \alpha$ ist. Man vergleiche hiermit, daß von den in einer Ebene verlaufenden Geraden die ersten Fallinien den größten Neigungswinkel gegen die Grundrißtafel besitzen und daß dieser zugleich derjenige der Ebene selbst ist.

105. Eine Anwendung der vorigen ist die folgende

Aufgabe: *Gegeben* sind in Fig. 27 die Risse eines Geländeteiles, der aus zwei wagerechten Ebenen und einem sie verbindenden ebenen Abhang besteht, sowie die Risse des Planums eines geradlinigen Weges, der von der unteren wage-

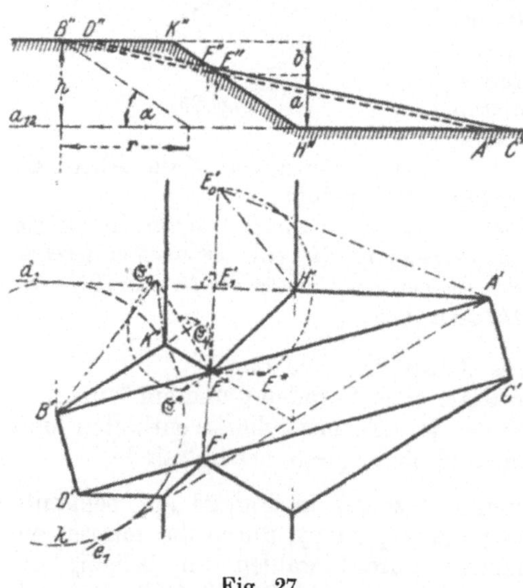

Fig. 27.

¹) Sie werden mit genügender Genauigkeit durch Anlegen des Lineals ohne vorangegangene Konstruktion der Berührungspunkte gefunden.

rechten Ebene nach der oberen hinaufführt. *Gesucht* sind die Böschungen des Weges.

Wir konstruieren zuerst nach Nr. 69 die Risse der Durchdringungsstrecke EF zwischen dem Planum $ACDB$ und dem Abhang und erkennen, daß der Teil $ACFE$ des Weges durch Aufschüttung und der Teil $EFDB$ durch Einschnitt in das Gelände hergestellt werden muß. Das Böschungsverhältnis wollen wir im Auftrag und im Abtrag gleich $1:1,5$ nehmen, so daß der Neigungswinkel der Böschungsebenen gegen die wagerechten Ebenen durch $\mathrm{tg}\,\alpha = \frac{2}{3}$ gegeben ist. Die untere wagerechte Ebene benutzen wir als Grundrißebene und ermitteln in ihr nach Nr. 104 die Spuren d_1, e_1 der Ebenen $\varDelta$, E, die durch den Rand AB des Weges laufen und den Neigungswinkel $\varepsilon_1 = \alpha$ besitzen; dabei ist $G_1 \equiv A$, $P \equiv B$ und $r = \frac{3}{2} h$ zu nehmen. Die von AB aus nach außen abfallende Ebene $\varDelta$ kommt längs des Wegrandes AE als Böschung für den Auftrag in Betracht, die von AB aus nach außen ansteigende Ebene E längs EB als Böschung für den Einschnitt. Als Schnittlinie der beiden Böschungen mit dem Gelände ergibt sich der Streckenzug $AHEKB$, wobei bestimmt sind: H als Schnittpunkt von d_1 mit der Unterkante des Abhanges, BK als Schnittlinie zwischen E und der oberen wagerechten Ebene, d. h. als durch B laufende erste Hauptlinie von E $(B'K' \parallel e_1)$, und K als Schnittpunkt dieser Geraden mit der Oberkante des Abhanges. Da EK die Schnittlinie zwischen E und dem Abhang ist, muß $E'K'$ durch den Schnittpunkt zwischen e_1 und der Unterkante des Abhanges gehen. Dieselben Konstruktionen sind für den anderen Rand CD des Weges auszuführen.

106. Aufgabe: *Gegeben* ist in Fig. 28 der Grundriß $A'B'C'D'E'F'$ eines Gebäudes. *Gesucht* ist die *Dachausmittelung* (d. h. die Anordnung der Dachflächen) für den Fall, daß alle Traufen in derselben Höhe liegen und daß alle Dachflächen denselben Neigungswinkel $\varepsilon_1 = \alpha$ ($= 60°$) besitzen.

Fassen wir die wagerechte Ebene, die alle Traufen enthält, als Grundrißtafel auf, so sind $A'B'$, $B'C'$ usw. die Grundrißspuren der Dachflächen, die zu den Traufen AB, BC usw. gehören und mit (AB), (BC) usw. bezeichnet seien. Die Grundrisse der Dachkanten liegen nach dem zweiten Satz von Nr. 104 in den inneren Winkelhalbierenden des Sechsecks $A'B'C'D'E'F'$ und in den Mittelparallelen der beiden Paare paralleler Seiten. Um auf diesen Linien die für das Dach in Betracht kommenden Strecken herauszusuchen, teilen wir am besten den Grundriß in einfache Teile, ermitteln die zugehörigen Dächer und untersuchen, wie diese zusammenstoßen.

Wir beginnen mit dem breitesten Teil des Grundrisses und erweitern ihn durch Verlängerung von $B'C'$ zu dem Viereck $A'B'G'F'$. Das zu diesem gehörige Dach wird gebildet durch die Dachflächen (AF), (BG), die parallele Traufen haben und sich deshalb in dem wagerechten *First* PQ schneiden, und durch die Dachflächen (AB), (FG), die den First in den Punkten P, Q und die soeben genannten

Flächen in den *Graten* AP, BP, FQ, GQ treffen. Die Grundrisse P', Q' werden als Schnittpunkte der inneren Winkelhalbierenden von A' und B' bzw. von F' und G' bestimmt; dann ist $P'Q'$ von selbst die Mittelparallele von $A'F'$ und $B'G'$. Die Aufrisse P'', Q'' konstruieren wir nach der Aufgabe von Nr. 102 mit Hilfe des gegebenen Winkels α und des gemeinsamen Abstandes m, den P' und Q' von den in Frage kommenden Traufen haben.

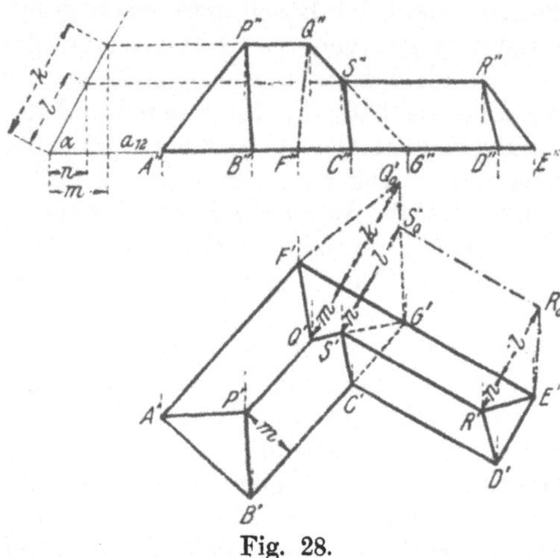

Fig. 28.

In derselben Weise finden wir bei dem schmäleren Teil des Gebäudes die Risse der Grate DR, ER und des durch R laufenden Firstes; der letztere liegt, da der Abstand n zwischen R' und den Traufen kleiner als m ist, tiefer wie PQ und trifft, da die Dachflächen (EG) und (FG) derselben Ebene angehören, den Grat GQ in einem Punkt S, dessen Risse ohne weiteres bekannt sind. Führen wir nun das niedrigere Dach an das höhere heran, so entsteht aus den Dachflächen (EG) und (FG) die gemeinsame Dachfläche (EF). wobei das Stück GS des Grates GQ fortfällt; dagegen tritt als Schnittlinie der Dachflächen (BC) und (CD) die *Kehle* CS hinzu; deren Grundriß den überstumpfen Winkel $B'C'D'$ hälftet und, da dessen Schenkel zu denen des Winkels $A'F'E'$ parallel sind, zu $F''Q'$ parallel läuft.

Die Umlegung einer Ebene.

107. Eine ebene Figur ist einem ihrer Risse nur dann kongruent, wenn ihre Ebene der fraglichen Rißtafel parallel ist. Wollen wir also die wahre Größe und Gestalt einer durch ihre Risse gegebenen ebenen Figur zur Erscheinung bringen, so müssen wir den Grundriß oder den Aufriß derselben für den Fall ableiten, daß wir ihre Ebene E in eine der betreffenden Rißtafel parallele Lage gedreht haben. In dieser Weise haben wir bereits das rechtwinklige Dreieck behandelt, das zur Bestimmung der Länge und des Neigungswinkels einer Strecke dient (Nr. 46 und Nr. 47).

Eine solche Drehung der Ebene E bezeichnen wir als *Umlegung* und führen sie am einfachsten dadurch aus, daß wir eine Hauptlinie von E selbst als Drehachse oder *Umlegungsachse* wählen. In der Regel wird die Umlegungsachse eine erste Hauptlinie t von E sein und E in die durch t gehende wagerechte Ebene umgelegt werden. Dies kann entweder nach der einen Seite durch eine Drehung um den Neigungswinkel ε_1 von E oder nach der anderen Seite durch eine Drehung um den Winkel $180° - \varepsilon_1$ geschehen; welche der beiden Möglichkeiten vorzuziehen ist, das hängt nur ab von der Rücksicht auf die Übersichtlichkeit der Zeichnung. Die neue Lage der in E gegebenen Figur sei kurz als *die Umlegung der ebenen Figur* bezeichnet; ihr Grundriß zeigt die gesuchte wahre Gestalt, während der Aufriß vollständig in t'' enthalten ist.

108. Zur Ableitung der Gesetze, nach denen der Grundriß der Umlegung einer ebenen Figur konstruiert werden muß, brauchen wir die allgemeineren Gesetze, die für eine *Drehung um eine Achse* gelten. Von ihnen stellen wir den folgenden Satz voran, dessen Richtigkeit ohne weiteres einleuchtet:

Wird eine Ebene E um eine in ihr enthaltene Gerade t gedreht, so bleiben für jede in E liegende und t schneidende Gerade g der Schnittpunkt mit t und der Neigungswinkel gegen t ungeändert.

Ist insbesondere g das Lot PP_1, das von einem Punkt P der Ebene E auf die Drehachse t gefällt werden kann, so bewegt sich g bei der Drehung in der Ebene, die in P_1 auf t senkrecht steht. Da die Länge PP_1 ebenfalls ungeändert bleibt, so ergibt sich der Satz:

Wird eine Ebene E um eine in ihr enthaltene Gerade t gedreht, so beschreibt jeder in E liegende Punkt P einen Kreis, dessen Ebene auf t senkrecht steht, dessen Mittelpunkt der Fußpunkt P_1 des aus P auf t gefällten Lotes ist und dessen Halbmesser die Länge PP_1 hat.

Hieraus wieder folgt, da die Punkte einer zu t parallelen Geraden von t gleiche Abstände besitzen, der Satz:

Wird eine Ebene E um eine in ihr enthaltene Gerade t gedreht, so behält jede zu t parallele Gerade von E diese Eigenschaft und ihren Abstand von t.

Diese Sätze müssen nun für den besonderen Fall angewendet werden, daß sowohl die Drehachse t als auch die Endlage der gedrehten Ebene E der Grundrißtafel parallel sind.

109. Wir nehmen als Beispiel das Dreieck PQR, dessen Risse in Fig. 24 gegeben sind. In seiner Ebene E haben wir bereits (Nr. 101) die durch R gehende erste Hauptlinie t bestimmt und wählen sie jetzt zur Umlegungsachse. Ist P_1 der Fußpunkt des aus P auf t gefällten Lotes und P_0 die Umlegung von P, so ist nach dem zweiten Satz in Nr. 108 auch $P_1 P_0 \perp t$. Also fallen, da t zur Grundrißtafel parallel ist und somit der Satz von Nr. 51 in Kraft tritt, die Grundrisse von PP_1 und von $P_1 P_0$ in dieselbe Gerade, die in P_1' auf t' senkrecht steht. Da auch $P_1 P_0$ zur Grundrißtafel parallel ist, hat $P_1' P_0'$ dieselbe Länge wie $P_1 P_0$ und $P_1 P$ und ist gleich der Hypotenuse des rechtwinkligen Dreiecks, das nach Nr. 46 zur Bestimmung der wahren Länge von $P_1 P$ dient. Dieses Dreieck ist aber das Neigungsdreieck $P_1' P' P^*$, das bereits in Nr. 101 konstruiert wurde. Also erhalten wir in Fig. 24 P_0' dadurch, daß wir um P'_1 den durch $P*$ gehenden Kreis schlagen und mit der einen Verlängerung von $P'P'_1$ schneiden.

In derselben Weise können wir Q'_0 finden, kommen aber folgendermaßen schneller zum Ziele: Aus dem ersten und dritten Satz von Nr. 108 folgt, daß $P'Q'$ und $P'_0 Q'_0$ entweder sich auf t' schneiden oder beide zu t' parallel sind; also können wir, wenn wir P'_0 besitzen, die Gerade $P'_0 Q'_0$ ziehen und in sie Q'_0 durch das aus Q' auf t' gefällte Lot einschneiden. Natürlich darf dabei der Schnitt zwischen t' und der Geraden $P'Q'$ nicht außerhalb des Blattes liegen und nicht schleifend sein.

Da R auf t liegt, ist $R'_0 \equiv R'$; deshalb begegnen sich auch $P'R'$ und $P'_0 R'_0$, $Q'R'$ und $Q'_0 R'_0$ in demselben Punkt von t'. Das nunmehr fertiggestellte Dreieck $P'_0 Q'_0 R'_0$ gibt die wahre Größe und Gestalt des Dreiecks PQR.

110. Die Überlegungen, die wir an die Umlegung des Dreiecks PQR angeknüpft haben, gelten allgemein. Wir können ihr Ergebnis folgendermaßen in Worte fassen:

Wird eine Ebene E *um eine erste Hauptlinie* t *als Umlegungsachse in eine zur Grundrißtafel parallele Stellung umgelegt, so sind folgende Regeln zu beachten:*

    a) *Die Grundrisse eines Punktes* P *von* E *und seiner Umlegung* P_0 *liegen in derselben zu* t' *senkrechten Geraden.*

    b) *Der Abstand zwischen* P'_0 *und* t' *ist gleich der Hypotenuse des zu* P *gehörigen Neigungsdreiecks von* E, *d. h. des rechtwinkligen Dreiecks, dessen Katheten gleich den Abständen zwischen* P' *und* t' *und zwischen* P'' *und* t'' *sind.*

    c) *Die Grundrisse einer Geraden von* E *und ihrer Umlegung schneiden sich auf* t' *oder sind beide zu* t' *parallel.*

    d) *Mindestens für die Umlegung* e i n e s *Punktes muß der Grundriß nach den Regeln* a) *und* b) *aufgesucht werden; für die übrigen Punkte genügt die Anwendung der Regeln* a) *und* c).

Wenn die Spuren der Ebene E gegeben sind, wird meist die Grundrißspur e_1 die bequemste Umlegungsachse sein; dann ergibt sich statt des Grundrisses der Umlegung einer ebenen Figur die Umlegung selbst und ist nach den obigen Regeln zu konstruieren unter Beachtung der folgenden Bemerkung:

Für die Umlegung einer Ebene um die Grundrißspur e_1 *gelten die vorstehenden Regeln, wenn darin* e_1 *und die Rißachse* a_{12} *an die Stellen von* t' *und* t'' *treten.*

Wird die Ebene E um eine zweite Hauptlinie, insbesondere um die zweite Spur in eine zur Aufrißtafel parallele Lage umgelegt, so gelten die entsprechenden Sätze.

111. Aufgabe: *Gegeben* sind die in Nr. 105 (Fig. 27) konstruierten Risse der Böschungen eines Weges. *Gesucht* sind die wahren Größen der Böschungsflächen.

Wir legen das Dreieck AHE um AH in die untere und das Dreieck BKE um BK in die obere wagerechte Ebene um. Beide Male handelt es sich im wesentlichen um die Umlegung von E, so daß wir zwei Neigungsdreiecke $E_1'E'E^*$ ($E_1'E' \perp A'H'$, $E'E^*$ gleich dem Abstand a zwischen E'' und $A''H''$) und $\mathfrak{E}_1'E'\mathfrak{E}^*$ ($\mathfrak{E}_1'E' \perp B'K'$, $E'\mathfrak{E}^*$ gleich dem Abstand b zwischen E'' und $B''K''$) konstruieren müssen und aus ihnen die beiden Punkte E_0' und $\mathfrak{E}_0'$ ($E_1'E_0' = E_1'E^*$, $\mathfrak{E}_1'\mathfrak{E}_0' = \mathfrak{E}_1'\mathfrak{E}^*$) erhalten. Die Dreiecke $A'H'E_0'$ und $B'K'\mathfrak{E}_0'$ sind die gesuchten wahren Größen. In derselben Weise sind die Böschungen des anderen Randes CD des Weges zu behandeln.

112. Aufgabe: *Gegeben* ist die in Nr. 106 (Fig. 28) konstruierte Dachausmittelung. *Gesucht* sind die wahren Größen der Dachflächen.

Als Umlegungsachsen bieten sich die Traufen der Dachflächen dar. Jeder der Punkte P, Q, R, S muß mit mehreren Ebenen umgelegt werden und ist im Grundriß von den für ihn in Betracht kommenden Umlegungsachsen um die gleiche Strecke — m bei P und Q, n bei R und S — entfernt. Infolgedessen erhalten wir für die Grundrisse sämtlicher Umlegungen von P und Q dieselbe Strecke k und für die Grundrisse sämtlicher Umlegungen von R und S dieselbe Strecke l als Abstand von den Umlegungsachsen. Nun sind die Neigungsdreiecke, die zu P und Q bzw. zu R und S gehören, kongruent den rechtwinkligen Dreiecken, die zur Ermittlung der Höhen der Punkte P'' und Q'', R'' und S'' mit dem Winkel α und der einen Kathete m bzw. n gebildet worden sind; deshalb haben wir bereits in den Hypotenusen dieser beiden Dreiecke die Strecken k und l. Mit ihnen ist in Fig. 28 die Umlegung der einen Dachfläche $EFQSR$ eingetragen worden; $Q'S'$, $Q_0'S_0'$ schneiden sich auf der Umlegungsachse $E'F'$, und $R'S'$, $R_0'S_0'$ sind ihr parallel.

113. Von Wichtigkeit ist auch die umgekehrte, wiederum an Fig. 24 zu erläuternde

Aufgabe: *Gegeben* sind für die Umlegung einer Ebene E die Risse t', t'' der Umlegungsachse t, sowie die Grundrisse P' und P_0' eines Punktes P von E und seiner Umlegung P_0. *Gesucht* ist der Aufriß P'' des Punktes P.

Die in der Aufgabe vorausgesetzte Beziehung zwischen t', P', P_0' verlangt, daß die Gerade $P'P_0'$ auf t' in P_1' senkrecht steht und daß $P_1'P_0' > P_1'P'$ ist. Ist dies der Fall, so besitzen wir von dem zu P gehörigen Neigungsdreieck der Ebene E die Kathete $P_1'P'$ und die Länge $P_1'P_0'$ der Hypotenuse; wir können dasselbe also herstellen, indem wir um P_1' den durch P_0' laufenden Kreis schlagen und ihn in P^* mit der Geraden schneiden, die zu t' parallel durch P' geht. Die zweite Kathete $P'P^*$ des Dreiecks $P_1'P'P^*$ gibt den Höhenunterschied h an, der zwischen den Aufrissen t'' und P'' besteht, und liefert, auf der Ordnungslinie des Punktes P' von ihrem Schnittpunkt mit t'' aus aufgetragen, den Punkt P''; dabei sind zwei Möglichkeiten vorhanden, von denen in Fig. 24 nur die eine — P'' oberhalb von t'' — berücksichtigt ist.

Die Risse der regelmäßigen Vielflache.

114. Auf Grund ihrer Regelmäßigkeit können für gewisse Stellungen der fünf regelmäßigen Vielflache ihre Risse sehr leicht ermittelt werden. Ist z. B. die eine Diagonale AD eines *Würfels* scheitelrecht, so haben die von A ausgehenden Kanten AB_1, AB_2, AB_3 denselben Neigungswinkel gegen die Grundrißtafel und somit (Fig. 29) gleichlange Strecken als Grundrisse. Gleichzeitig besitzt das durch die Punkte B_1, B_2, B_3 bestimmte gleichseitige Dreieck eine wagerechte Ebene und bildet sich als ebensolches Dreieck $B_1' B_2' B_3'$ ab, für das A' der Mittelpunkt des umgeschriebenen Kreises ist. Deshalb sind die Grundrisse der in A zusammenstoßenden drei Quadrate Rhomben, die bei A' Winkel von 120° besitzen und deren vierte Ecken C_1', C_2', C_3' auf demselben Kreise liegend die Bögen zwischen B_1', B_2', B_3' hälften. D' fällt mit A' zusammen, und für die Grundrisse der Kanten DC_1, DC_2, DC_3 gilt dasselbe wie für die der Kanten AB_1, AB_2, AB_3. Also ergibt sich der Satz:

Der Grundriß eines Würfels mit einer scheitelrechten Diagonale bildet ein regelmäßiges Sechseck mitsamt seinen Hauptdiagonalen.

Denken wir uns nun das Quadrat $AB_1 C_3 B_2$ um die erste Hauptlinie $B_1 B_2$ umgelegt, so erhalten wir ein Quadrat $A_0' B_1' C_0' B_2'$, das wir ohne Kenntnis des Aufrisses aus seiner Diagonale $B_1' B_2'$ konstruieren können. Aus A' und A_0' folgt nach der Aufgabe von Nr. 113 der Höhenunterschied h zwischen A und der Umlegungsachse $B_1 B_2$, d. h. zwischen A'' und den Punkten B_1'', B_2'', B_3''; ihm gleich ist der aus C_3' und C_0' folgende Höhenunterschied zwischen den Punkten B_1'',

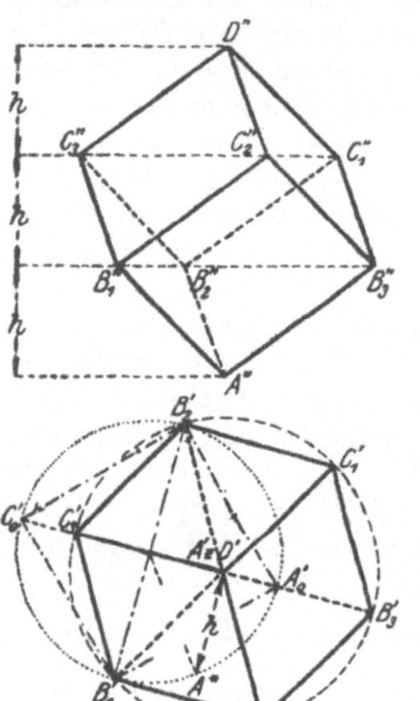

Fig. 29.

B_2'', B_3'' und den Punkten C_1'', C_2'', C_3'' und — der Regelmäßigkeit des Würfels wegen — auch derjenige zwischen den zuletzt genannten Punkten und D''. Hiermit kann der Aufriß des Würfels hergestellt werden.

115. Ganz ähnliche Betrachtungen führen zu den folgenden Sätzen, die ohne Beweis angeführt seien:

Der Grundriß eines regelmäßigen Vierflachs (Tetraeders) bildet, wenn eine Seitenfläche wagerecht ist, ein gleichseitiges Dreieck mit den nach seinen Ecken laufenden Halbmessern des umgeschriebenen Kreises und, wenn zwei gegenüberliegende Kanten wagerecht sind, ein Quadrat mit seinen Diagonalen.

Der Grundriß eines regelmäßigen Achtflachs (Oktaeders) bildet, wenn eine Seitenfläche wagerecht ist, ein regelmäßiges Sechseck mitsamt den beiden aus seinen Ecken herzustellenden gleichseitigen Dreiecken.

Der Grundriß eines regelmäßigen Zwanzigflachs (Ikosaeders) bildet, wenn eine Hauptdiagonale scheitelrecht ist, ein regelmäßiges Zehneck mitsamt seinen Hauptdiagonalen und den beiden aus seinen Ecken herzustellenden regelmäßigen Fünfecken.

Nach diesen Sätzen sind die Grundrisse der genannten regelmäßigen Körper herzustellen[1]). Die Aufrisse ergeben sich aus den Grundrissen mit Hilfe der Aufgabe von Nr. 113 ebenso wie beim Würfel.

116. Eine besondere Behandlung verlangt *das regelmäßige Zwölfflach* (Pentagondodekaeder), dessen Begrenzung aus zwölf regelmäßigen Fünfecken mit paarweis parallelen Ebenen besteht. Ist die Ebene des Fünfecks $A_1 A_2 A_3 A_4 A_5$ wagerecht, so ist sein Grundriß ihm kongruent; mit ihm beginnen wir in Fig. 30 die Konstruktion[2]). Von seinen Eckpunkten gehen die Grundrisse der Kanten $A_1 B_1$, $A_2 B_2$ usw. aus; sie liegen nach dem zweiten Satz von Nr. 103 in den Halbierungslinien der Winkel des Fünfecks $A_1' A_2' A_3' A_4' A_5'$, d. h. in den Verlängerungen der Halbmesser, die in dem umgeschriebenen Kreis des Fünfecks nach seinen Eckpunkten laufen. Ferner sind, da $A_1 B_1$, $A_2 B_2$ usw. gleiche Längen und gleiche Neigungswinkel besitzen, $A_1' B_1' = A_2' B_2' =$ usw., so daß die Punkte B_1', B_2' usw. einen, dem ersten konzentrischen Kreis in fünf gleiche Bögen teilen.

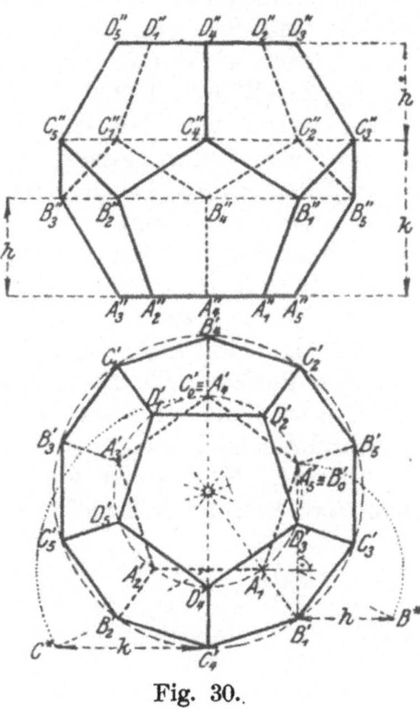

Fig. 30.

Genau dieselben Schlüsse gelten für das zweite Fünfeck $D_1 D_2 D_3 D_4 D_5$, dessen Ebene wagerecht ist, und die von seinen Ecken ausgehenden Kanten $D_1 C_1$, $D_2 C_2$ usw. Die Regelmäßigkeit des Zwölfflachs bedingt es, daß die Punkte D_1', D_2' usw. in die Mitten der Bögen $A_3' A_4'$, $A_4' A_5'$ usw.

---

[1]) Die strenge Konstruktion des regelmäßigen Fünfecks und Zehnecks beruht darauf, daß die Seite des letzteren sich aus dem Halbmesser r des umgeschriebenen Kreises durch Teilung nach dem goldenen Schnitt ergibt. Aber man kommt praktisch ebensogut zum Ziel, wenn man von einem zwischen $\frac{7}{8}r$ und $\frac{6}{8}r$ liegenden Näherungswerte für die Fünfecksseite ausgeht und, ihn durch Versuche verbessernd, die Länge der Sehne ermittelt, die gerade fünfmal in dem Kreise herumgetragen werden kann.

[2]) Siehe die Anmerkung zu Nr. 115.

des ersten Kreises und die Punkte C_1', C_2' usw. in die Mitten der Bögen $B_3' B_4'$, $B_4' B_5'$ usw. des zweiten Kreises fallen. Die Seiten des auf dem letzteren entstandenen regelmäßigen Zehnecks sind die Grundrisse der von uns noch nicht erwähnten Kanten $B_1 C_4$, $C_4 B_2$ usw. des Zwölfflachs.

Es handelt sich also nur noch darum, den zweiten Kreis zu bestimmen. Denken wir uns nun das Fünfeck $A_1 B_1 C_4 B_2 A_2$ um die erste Hauptlinie $A_1 A_2$ umgelegt, so fällt seine Umlegung gerade mit dem Fünfeck $A_1' A_2' A_3' A_4' A_5'$ zusammen. Insbesondere ist A_5' zugleich die Umlegung B_0' von B_1 und folglich $A_5' B_1' \perp A_1' A_2'$; mithin finden wir B_1' als den Punkt, in dem der durch A_1' gehende Durchmesser des ersten Kreises und das aus A_5' auf $A_1' A_2'$ gefällte Lot einander begegnen. Darauf legen wir durch B_1' den zweiten Kreis und zeichnen den Grundriß des Zwölfflachs fertig.

Im Aufriß verteilen sich die zwanzig Eckpunkte des Zwölfflachs auf vier wagerechte Geraden, weil immer je fünf, von uns mit demselben Buchstaben bezeichnete Punkte in einer wagerechten Ebene liegen. Zur Ermittlung der Abstände zwischen den wagerechten Geraden benutzen wir den Umstand, daß bei der Umlegung des Fünfecks $A_1 B_1 C_4 B_2 A_2$ um die Achse $A_1 A_2$ die Umlegungen B_0' und C_0' von B_1 und C_4 auf A_5' und A_4' fallen, und bestimmen nach der Aufgabe von Nr. 113 den Höhenunterschied h zwischen den Punkten A_1'', A_2'' usw. und den Punkten B_1'', B_2'' usw. und den Höhenunterschied k zwischen den Punkten A_1'', A_2'' usw. und den Punkten C_1'', C_2'' usw. Da der Höhenunterschied zwischen den zuletzt genannten Punkten und den Punkten D_1'', D_2'' usw. wieder gleich h sein muß, können wir nunmehr auch den Aufriß des Zwölfflachs eintragen.

Die Ellipse als affines Bild des Kreises.

I. Affine ebene Figuren.

Begriff und Gesetze der Affinität.

117. Zwei Figuren stehen in einer *geometrischen Verwandtschaft*, wenn sie — wie nach Nr. 110 die Grundrisse einer ebenen Figur und ihrer Umlegung — durch gewisse Gesetze so miteinander verknüpft sind, daß die Gestalt und die Eigenschaften der einen von ihnen aus der Gestalt und den Eigenschaften der anderen abgeleitet werden können. Für die darstellende Geometrie ist vor allem wichtig eine geometrische Verwandtschaft, der sich das soeben genannte Beispiel unterordnet. Es handelt sich bei ihr um einen besonderen Fall einer als *Affinität* bezeichneten Verwandtschaft, und wir wollen ihm, da wir die Affinität im weiteren Sinne nicht zu berücksichtigen brauchen, diesen Namen ohne einschränkenden Zusatz beilegen. Wir bestimmen nun den Begriff der Affinität in folgender Weise:

Eine Affinität ist die geometrische Verwandtschaft zweier Figuren, die derselben Ebene angehören und durch Parallelprojektion als Risse zweier ebenen Schnitte eines Prismas entstehen.

118. Wir nehmen also ein Prisma, das durch zwei Ebenen Φ_1 und Φ_2 in den Figuren $\mathfrak{F}_1$ und $\mathfrak{F}_2$ geschnitten wird, und projizieren es durch Parallelstrahlen auf eine Tafel Π, wo die Risse $\overline{\mathfrak{F}}_1$ und $\overline{\mathfrak{F}}_2$ von $\mathfrak{F}_1$ und $\mathfrak{F}_2$ entstehen. In Fig. 31 deuten wir diesen Vorgang durch einen Schrägriß an, in dem von dem Prisma nur drei Kanten $A_1 A_2$, $P_1 P_2$, $R_1 R_2$ eingetragen sind. Zu einem Punkt $\overline{P}_1$ von $\overline{\mathfrak{F}}_1$ gehört ein Punkt P_1 von $\mathfrak{F}_1$, dessen Riß $\overline{P}_1$ ist; zu P_1 wiederum ein Punkt P_2 von $\mathfrak{F}_2$, der auf derselben Prismenkante wie P_1 liegt; zu P_2 endlich ein Punkt $\overline{P}_2$ von $\overline{\mathfrak{F}}_2$, der der Riß von P_2 ist. In dieser Weise ist $\overline{P}_2$ durch den Punkt $\overline{P}_1$ eindeutig bestimmt und bestimmt seinerseits wiederum in genau entsprechender Weise den Punkt $\overline{P}_1$. Dabei ist die Gerade $\overline{P}_1 \overline{P}_2$ der Riß einer Prismenkante $P_1 P_2$.

Dasselbe ergibt sich für jedes andere Paar zusammengehöriger Punkte von $\overline{\mathfrak{F}}_1$ und $\overline{\mathfrak{F}}_2$, wie z. B. in Fig. 31 für $\overline{A}_1$ und $\overline{A}_2$ und für $\overline{R}_1$

und $\overline{R}_2$. Da nun $P_1 P_2 \parallel A_1 A_2 \parallel R_1 R_2$, haben wir auch $\overline{P}_1 \overline{P}_2 \parallel \overline{A}_1 \overline{A}_2 \parallel \overline{R}_1 \overline{R}_2$ und dürfen somit den Satz aussprechen:

Zwischen zwei affinen Figuren besteht eine umkehrbar eindeutige Zuordnung ihrer Punkte derart, daß die Verbindungsgeraden je zweier entsprechenden Punkte, die „Affinitätsstrahlen", sämtlich untereinander parallel sind.

119. Durch ähnliche Gedankengänge lassen sich die übrigen Gesetze der zwischen $\overline{\mathfrak{F}}_1$ und $\overline{\mathfrak{F}}_2$ bestehenden Affinität ableiten. Aber wir können dies abkürzen durch die Bemerkung, daß bei einer zu den Prismenkanten parallelen Projektionsrichtung sowohl $\mathfrak{F}_2$ als Riß von $\mathfrak{F}_1$, wie $\mathfrak{F}_1$ als Riß von $\mathfrak{F}_2$ auftritt. Denn hieraus folgt, daß die Eigenschaften von $\mathfrak{F}_1$ und $\mathfrak{F}_2$ miteinander durch die Gesetze der Par-

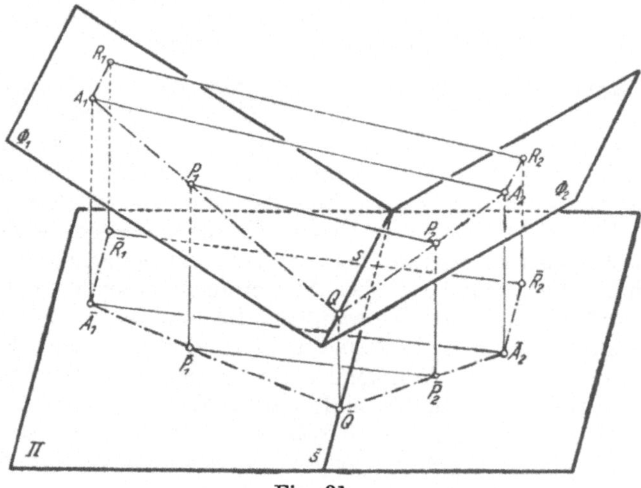

Fig. 31.

allelprojektion (Nr. 4 bis Nr. 11) zusammenhängen; und dieser Zusammenhang überträgt sich — wiederum nach den Gesetzen der Parallelprojektion — auf die Risse $\overline{\mathfrak{F}}_1$ und $\overline{\mathfrak{F}}_2$ von $\mathfrak{F}_1$ und $\mathfrak{F}_2$. *Gleichzeitig erweitert sich für uns der Begriff des Prismas:* wir brauchen nicht mehr an ein drei-, vier- usw. seitiges gewöhnliches Prisma zu denken, sondern können statt dessen jede Schar von im Raume verteilten Parallelstrahlen nebst den sie verbindenden Ebenen nehmen.

In dieser Weise finden wir an der Hand von Fig. 31 auf Grund des ersten Satzes von Nr. 5, daß den Punkten der Geraden $\overline{A}_1 \overline{P}_1$ und $\overline{A}_1 \overline{R}_1$ die Punkte der Geraden $\overline{A}_2 \overline{P}_2$ und $\overline{A}_2 \overline{R}_2$ zugeordnet sind. Ferner gelten, sobald wir $A_2 P_2$, $A_2 R_2$ als in Φ_2 liegende Risse von $A_1 P_1$, $A_1 R_1$ und die Schnittlinie s von Φ_1 und Φ_2 als Spurlinie von Φ_1 auffassen, der zweite Satz von Nr. 5 und der erste Satz von Nr. 11; aus ihnen folgt, wenn $A_1 P_1$ und s sich in Q schneiden und $A_1 R_1$ zu s parallel ist, daß $\overline{A}_1\overline{P}_1$ und $\overline{A}_2\overline{P}_2$ sich in einem Punkt $\overline{Q}$ von $\overline{s}$ begegnen und daß $\overline{A}_1\overline{R}_1$ und $\overline{A}_2\overline{R}_2$ gleichzeitig zu $\overline{s}$ parallel sind. Wir bezeichnen deshalb $\overline{s}$ als *die Achse der Affinität* und sprechen den Satz aus:

Zwischen zwei affinen Figuren besteht eine umkehrbar eindeutige Zuordnung ihrer Geraden derart, daß von je zwei entsprechenden Geraden jede die Punkte trägt. die durch die Affinität den Punkten der anderen zugeordnet werden. Je zwei entsprechende Geraden schneiden sich in einem Punkte der Affinitätsachse oder sind dieser parallel.

120. Der letzte Satz von Nr. 4 lehrt, daß ein Punkt von $\mathfrak{F}_1$, der auf der Schnittlinie s von $\varPhi_1$ und $\varPhi_2$ liegt, übereinstimmt mit dem Punkt von $\mathfrak{F}_2$, der derselben Prismenkante angehört. Daraus folgt der Satz:

Wenn ein Punkt der einen von zwei affinen Figuren auf der Affinitätsachse liegt, so fällt der entsprechende Punkt der anderen Figur mit ihm zusammen.

Ein ganz ähnlicher Satz ergibt sich unmittelbar aus dem Begriffe des Affinitätsstrahles, nämlich:

Gehört ein Affinitätsstrahl als Gerade zu einer von zwei affinen Figuren, so fällt die entsprechende Gerade der anderen Figur mit ihm zusammen.

Von den übrigen Gesetzen der Affinität zwischen $\overline{\mathfrak{F}}_1$ und $\overline{\mathfrak{F}}_2$ seien noch die aus Nr. 6, 7, 8 fließenden erwähnt:

Parallelen Geraden einer von zwei affinen Figuren entsprechen in der anderen Figur wiederum parallele Geraden.

Gleichsinnigen Strecken auf derselben oder auf parallelen Geraden werden durch die Affinität ebensolche Strecken zugeordnet.

Je zwei Strecken, die auf derselben oder auf parallelen Geraden der einen von zwei affinen Figuren liegen, haben dasselbe Verhältnis wie die ihnen zugeordneten Strecken der anderen Figur.

Konstruktion affiner Figuren in ihrer Ebene allein.

121. Wir haben in Nr. 118, Nr. 119 und Nr. 120 die Gesetze der Affinität lediglich als Sätze der ebenen Geometrie und ohne Beziehung auf ihre Ableitung aus räumlichen Zusammenhängen aussprechen können. Dadurch entsteht die Frage, ob wir zwei affine Figuren allein in ihrer Ebene und ohne Zuhilfenahme räumlicher Gebilde konstruieren können. Zunächst vermögen wir in dieser Weise nur Figuren herzustellen, für die die Gesetze der Affinität teilweise gelten. Ein Beispiel hierfür ist das folgende:

Sind in einer Ebene Π gegeben eine Figur $\overline{\mathfrak{F}}_1$, eine Gerade $\overline{s}$ und ein Punkt $\overline{A}_2$, der einem Punkt $\overline{A}_1$ von $\mathfrak{F}_1$ zugeordnet sein soll, so entsteht eine mit $\overline{\mathfrak{F}}_1$ geometrisch verwandte Figur $\overline{\mathfrak{F}}_2$ dadurch, daß zu jedem Punkt $\overline{P}_1$ von $\overline{\mathfrak{F}}_1$ ein Punkt $\overline{P}_2$ konstruiert wird als Schnittpunkt der Geraden, die durch $\overline{P}_1$ parallel zu $\overline{A}_1\overline{A}_2$ läuft, und der Geraden, die $\overline{A}_2$

mit dem Schnittpunkt $\overline{Q}$ zwischen $\overline{s}$ und $\overline{A}_1\overline{P}_1$ verbindet oder, wenn $\overline{A}_1\overline{P}_1 \parallel \overline{s}$, durch $\overline{A}_2$ parallel zu $\overline{s}$ läuft.

Für diese geometrische Verwandtschaft bestehen der Satz von Nr. 118 und die ersten beiden Sätze von Nr. 120 ohne Einschränkung. Dagegen darf der Satz von Nr. 119 zunächst nur auf die durch $\overline{A}_1$ und $\overline{A}_2$ gehenden Geraden bezogen werden. Für diese Geraden gelten auch die letzten beiden Sätze von Nr. 120, weil $\overline{P}_1\overline{P}_2 \parallel \overline{A}_1\overline{A}_2$ und somit

$$\overline{A}_1\overline{Q} : \overline{P}_1\overline{Q} : \overline{A}_1\overline{P}_1 = \overline{A}_2\overline{Q} : \overline{P}_2\overline{Q} : \overline{A}_2\overline{P}_2$$

ist.

122. Wir fügen nun, was wir wieder durch Fig. 31 veranschaulichen können, zu der Ebene Π zwei beliebige Ebenen Φ_1 und Φ_2 hinzu, deren Schnittlinie s mit der Geraden $\overline{s}$ einen Punkt gemeinsam hat, und denken sie uns auf Π in einer solchen Richtung projiziert, daß $\overline{s}$ der Riß von s ist. Dann gibt es auch eine Figur $\mathfrak{F}_1$ in Φ_1 und eine Figur $\mathfrak{F}_2$ in Φ_2, deren Risse in Π unsere Figuren $\overline{\mathfrak{F}}_1$ und $\overline{\mathfrak{F}}_2$ sind. Insbesondere werden die Punkte $\overline{A}_1$ und $\overline{P}_1$ die Risse der Punkte A_1 und P_1 von $\mathfrak{F}_1$, die Punkte $\overline{A}_2$ und $\overline{P}_2$ die Risse der Punkte A_2 und P_2 von $\mathfrak{F}_2$ und der Punkt $\overline{Q}$ von $\overline{s}$, in dem $\overline{A}_1\overline{P}_1$, $\overline{A}_2\overline{P}_2$ sich begegnen, der Riß eines Punktes Q von s sein, durch den auch A_1P_1 und A_2P_2 laufen. Deshalb gelten die Verhältnisgleichungen

$$A_1Q : P_1Q : A_1P_1 = \overline{A}_1\overline{Q} : \overline{P}_1\overline{Q} : \overline{A}_1\overline{P}_1 \ ,$$
$$A_2Q : P_2Q : A_2P_2 = \overline{A}_2\overline{Q} : \overline{P}_2\overline{Q} : \overline{A}_2\overline{P}_2 \ .$$

Sie liefern zusammen mit der am Ende von Nr. 121 angeführten die Verhältnisgleichung

$$A_1Q : P_1Q : A_1P_1 = A_2Q : P_3Q : A_2P_2 \ ,$$

und diese lehrt, daß P_1P_2 zu A_1A_2 parallel ist.

$\overline{P}_1$, $\overline{P}_2$ sind ein beliebiges Paar zusammengehöriger Punkte von $\overline{\mathfrak{F}}_1$ und $\overline{\mathfrak{F}}_2$ und können durch jedes andere solche Paar $\overline{R}_1$, $\overline{R}_2$ ersetzt werden, solange die Verbindungsstrecken $\overline{A}_1\overline{R}_1$ und $\overline{A}_2\overline{R}_2$ nicht zu $\overline{s}$ parallel sind. Ist dies jedoch der Fall, so müssen die zugehörigen Punkte R_1 und R_2 von $\mathfrak{F}_1$ und $\mathfrak{F}_2$ so liegen, daß A_1R_1 und A_2R_2 zu s und folglich zueinander parallel sind; dann haben wir, da $\overline{R}_1\overline{R}_2 \parallel \overline{A}_1\overline{A}_2$ ist, $\overline{A}_1\overline{R}_1 = \overline{A}_2\overline{R}_2$ und somit nach Nr. 8 $A_1R_1 = A_2R_2$; hieraus ergibt sich, daß auch $R_1R_2 \parallel A_1A_2$ ist.

Die Figuren $\mathfrak{F}_1$ und $\mathfrak{F}_2$ erweisen sich also als ebene Schnitte eines Prismas und begründen die Richtigkeit des Satzes:

Zwei Figuren einer Ebene sind affin, sobald die eine aus der anderen nach der Vorschrift von Nr. 121 entsteht.

123. Auf Grund der Vorschrift von Nr. 121 ist die Figur $\mathfrak{F}_2$ als — wie wir sagen wollen — *affines Bild* von $\overline{\mathfrak{F}}_1$ durch die Achse $\overline{s}$ und das Punktepaar $\overline{A}_1$, $\overline{A}_2$ vollkommen bestimmt. Das liefert den Satz:

Aus einer ebenen Figur folgt ihr affines Bild eindeutig, wenn für die Affinität die Achse und ein Paar entsprechender Punkte gegeben sind.

Oder anders ausgedrückt:
Eine Affinität ist eindeutig bestimmt durch ihre Achse und ein Paar entsprechender Punkte.

Aber bei der wirklichen Herstellung des affinen Bildes $\overline{\mathfrak{F}}_2$ brauchen wir das Punktepaar $\overline{A}_1$, $\overline{A}_2$ nicht dauernd zu benützen, sondern dürfen es durch jedes neu gefundene Punktepaar ersetzen, weil ja der Satz von Nr. 118 für alle Paare entsprechender Punkte gilt. Auch die übrigen, in Nr. 120 gefundenen Eigenschaften der Affinität dürfen wir zur Konstruktion von $\overline{\mathfrak{F}}_2$ heranziehen und sind sicher, dabei nur

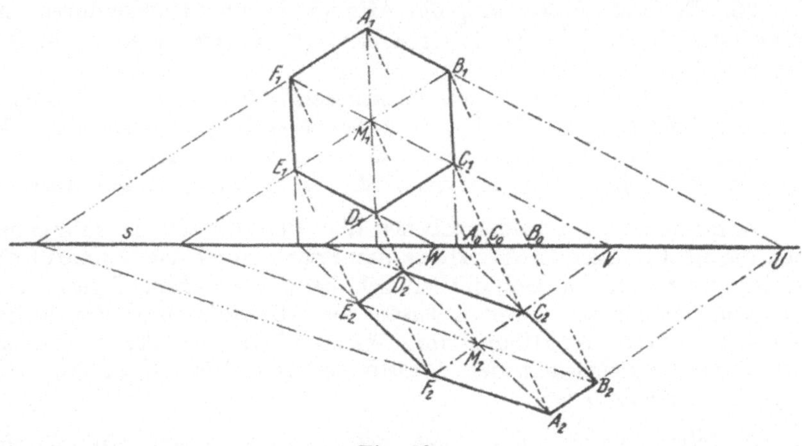

Fig. 32.

Punkte dieser Figur zu erhalten. Dadurch ergibt sich die Möglichkeit, jeden Punkt von $\overline{\mathfrak{F}}_2$ auf mehrere verschiedene Weisen zu bestimmen, die im einzelnen Falle günstigste Weise herauszusuchen und *die Genauigkeit der Zeichnung zu prüfen und zu erhöhen.* Wir zeigen dies in dem folgenden Beispiel.

124. Aufgabe: *Gegeben* sind in Fig. 32 ein regelmäßiges Sechseck[1]) $A_1B_1C_1D_1E_1F_1$, eine Gerade s als Achse einer Affinität und ein Punkt A_2 als dem Punkt A_1 durch die Affinität zugeordneter Punkt. *Gefordert* ist die Herstellung des affinen Bildes $A_2B_2C_2D_2E_2F_2$.

Wir legen zuerst durch B_1, C_1, D_1, E_1, F_1 die Affinitätsstrahlen parallel zu A_1A_2. Darauf verlängern wir die drei untereinander parallelen Geraden A_1B_1, C_1F_1, D_1E_1 bis zu ihren Schnittpunkten U, V, W mit s und ziehen UA_2, sowie durch V und W die Parallelen zu

---

[1]) Wir lassen jetzt die Querstriche bei den Bezeichnungen affiner Figuren fort.

UA_2. So erhalten wir auf Grund des dritten Satzes von Nr. 120 die den Geraden A_1B_1, C_1F_1, D_1E_1 entsprechenden Geraden und auf ihnen durch die Affinitätsstrahlen eingeschnitten die Punkte B_2 usw.

In genau derselben Weise können wir verfahren, indem wir von den drei Parallelen A_1D_1, B_1C_1, E_1F_1 und von den drei Parallelen A_1F_1, B_1E_1, C_1D_1 ausgehen; dadurch bestimmen wir jeden der gesuchten Punkte als Schnittpunkt von vier Geraden. Eine weitere Genauigkeitsprobe besteht darin, daß die Diagonalen A_1D_1, B_1E_1, C_1F_1 des regelmäßigen Sechsecks durch einen Punkt M_1 gehen und daß diesem in der Affinität ein Punkt M_2 entspricht, in dem sich die drei Diagonalen A_2D_2, B_2E_2, C_2F_2 des affinen Sechsecks begegnen müssen.

Anwendungen der Affinität.

125. Die erste Anwendung der Affinität ist unmittelbar durch ihre Begriffsbestimmung in Nr. 117 gegeben; wir fassen sie sofort in den Satz:

Wird ein Prisma durch zwei Ebenen geschnitten, so sind die Grundrisse der Schnittfiguren durch eine Affinität verknüpft, deren Achse der Grundriß der Schnittlinie der beiden Ebenen und deren Affinitätsstrahlen die Grundrisse der Prismenkanten sind. Dasselbe gilt für die Aufrisse.

Wenn die eine der beiden Ebenen die Grundrißtafel ist, so ergeben sich die in ihr liegende *Grundfigur* des Prismas und der Grundriß der in der anderen Ebene befindlichen Schnittfigur als affine Figuren und die Grundrißspur der zweiten Ebene als Affinitätsachse. Im Aufriß dagegen verliert die Affinität ihre Wirksamkeit, weil der Aufriß der Grundfigur zugleich mit dem Aufriß der Grundrißspur in der Rißachse a_{12} enthalten ist.

Die gleichnamigen Risse der Schlagschattengrenzen, die derselbe Körper auf zwei verschiedenen Ebenen hervorruft, sind ebenfalls affine Figuren; denn die Schlagschattengrenzen sind ebene Schnitte des Schattenprismas des Körpers. Ein allerdings sehr einfaches Beispiel hierfür sind die Dreiecke $S'O_1'T'$ und $S'O_2'T'$ in Fig. 21.

126. Die Ebenen Φ_1, Φ_2 mit den in ihnen liegenden Figuren $\mathfrak{F}_1$, $\mathfrak{F}_2$ seien zwei verschiedene Lagen einer Ebene Φ, die um eine in ihr befindliche Gerade s gedreht wird, und einer in Φ enthaltenen Figur $\mathfrak{F}$. Dann gehören nach Nr. 108 die Punkte P_1 von $\mathfrak{F}_1$ und P_2 von $\mathfrak{F}_2$, in die bei der Drehung ein Punkt P von $\mathfrak{F}$ hinein fällt, einem Kreise an, dessen Ebene im Mittelpunkt Q des Kreises auf der Drehachse s senkrecht steht. Deshalb ist die Gerade P_1P_2 zunächst zu s und zu der Halbierungsgeraden des Winkels P_1QP_2 senkrecht und sodann auch zu der Ebene, die durch jene beiden Geraden bestimmt wird.

Diese Ebene nun hälftet den Winkel der Ebenen Φ_1 und Φ_2, den Φ bei der Drehung überstreicht; sie ergibt sich als zu P_1P_2 senkrecht, welches Paar zusammengehöriger Punkte P_1, P_2 wir aus den Figuren

$\mathfrak{F}_1$, $\mathfrak{F}_2$ auch auswählen. Da also die Verbindungsgeraden aller solchen Punktepaare einander parallel sind, dürfen $\mathfrak{F}_1$, $\mathfrak{F}_2$ als ebene Schnitte eines Prismas aufgefaßt werden. Nach Nr. 117 folgt hieraus der Satz:

Wird eine ebene Figur um eine in ihrer Ebene liegende Gerade gedreht, so sind die Risse irgend zweier ihrer Lagen, die für dieselbe Projektionsrichtung auf derselben Tafel entworfen werden, affine Figuren, deren Affinitätsachse der Riß der Drehachse ist.

127. Der letzte Satz ist von besonderer Bedeutung in dem Fall, daß die eine Lage der gedrehten Ebene zu der Rißtafel parallel ist; denn dann haben wir die Risse einer ebenen Figur und ihrer Umlegung ohne die in Nr. 107 eingeführte Beschränkung auf rechtwinklige Projektion. Deshalb ergibt sich als Verallgemeinerung der Sätze von Nr. 110 der Satz:

Bei jeder Richtung der Projektionsstrahlen stehen die Risse einer ebenen Figur und ihrer Umlegung in einer Affinität, deren Achse der Riß der Umlegungsachse ist.

Setzen wir aber die rechtwinklige Projektion auf die Grundrißtafel voraus, so erhalten wir die folgende Vervollständigung der Sätze von Nr. 110:

Die Grundrisse einer ebenen Figur und ihrer Umlegung stehen in einer Affinität, deren Achse der Grundriß der Umlegungsachse ist und deren Affinitätsstrahlen mit der Achse rechte Winkel bilden.

Konstruieren wir im *zusammengeklappten* Zweitafelsystem nach Nr. 91 die Schlagschattengrenzen, die ein Körper auf der Grundrißtafel Π_1 und auf der Aufrißtafel Π_2 hervorrufen kann, so dürfen wir die erste auffassen als den in der Lichtrichtung auf Π_1 projizierten Riß und die zweite als die um die Rißachse a_{12} erfolgte Umlegung derjenigen Schlagschattengrenze, die auf der Aufrißtafel des *räumlichen* Zweitafelsystems liegend zu denken ist. Das heißt:

Der letzte Satz von Nr. 81 und seine Anwendung in Nr. 91 ordnen sich dem Begriff der Affinität unter.

128. Wir betrachten, wie in Nr. 25, das räumliche Zweitafelsystem, indem wir es durch einen Schrägriß in Fig. 33 veranschaulichen, und fügen die Ebene $\varDelta$ hinzu, welche den durch Π_1^+ und Π_2^- und den durch Π_1^- und Π_2^+ eingeschlossenen Winkel hälftet. Ist P ein Punkt des Raumes, so gibt es stets einen Punkt D von $\varDelta$, für den $PD \perp \Pi_2$ ist; die Aufrisse P'' und D'' beider Punkte stimmen überein, und die Verbindungsgerade ihrer Grundrisse P' und D' steht auf der Rißachse a_{12} in dem Punkt senkrecht, der gleichzeitig als P_{12} und als D_{12} zu P und D gehört. Da die Gerade $D_{12}D$ den Winkel $D'D_{12}D''$ hälftet, ist das Rechteck $DD'D_{12}D''$ ein Quadrat und $D_{12}D' = D_{12}D''$. Deshalb fällt D'' und somit auch P'' auf D', wenn wir nach Nr. 27 zu dem zusammengeklappten Zweitafelsystem übergehen und Π_2 um a_{12} bis zur Vereinigung von Π_2^+ mit Π_1^- und von Π_2^- mit Π_1^+ drehen.

Ordnen wir in solcher Weise allen Punkten einer beliebigen ebenen Figur $\mathfrak{F}$ die Punkte von $\varDelta$ zu, so erhalten wir eine in $\varDelta$ liegende Figur $\mathfrak{D}$, deren Grundriß $\mathfrak{D}'$ für das zusammengeklappte Zweitafelsystem zugleich der Aufriß $\mathfrak{F}''$ von $\mathfrak{F}$ ist. Aber $\mathfrak{F}$ und $\mathfrak{D}$ sind ebene Schnittfiguren des Prismas der zu Π_2 senkrechten Strahlen, welche die zusammengehörigen Punkte von $\mathfrak{F}$ und $\mathfrak{D}$ verbinden; deshalb sind ihre Grundrisse $\mathfrak{F}'$ und $\mathfrak{D}'$, d. h. die Risse $\mathfrak{F}'$ und $\mathfrak{F}''$ von $\mathfrak{F}$ durch eine Affinität verknüpft, deren Affinitätsstrahlen zu der Rißachse a_{12} senkrecht sind. Also ergibt sich der Satz:

Im zusammengeklappten Zweitafelsystem stehen Grund- und Aufriß derselben ebenen Figur in einer Affinität, deren Affinitätsstrahlen die Ordnungslinien sind.

129. Die Achse dieser Affinität ist der Grundriß der Schnittlinie s zwischen den Ebenen E und $\varDelta$, in denen die Figuren $\mathfrak{F}$ und $\mathfrak{D}$ liegen. $\varDelta$ ist der Ort der Punkte des Raumes, für die im zusammengeklappten Zweitafelsystem der Grundriß und der Aufriß einander decken, und heißt aus diesem Grunde *Deckebene;* ihre Punkte und ihre Geraden, für die dasselbe wie für die Punkte gilt, werden *Deckpunkte* und *Deckgeraden* genannt.

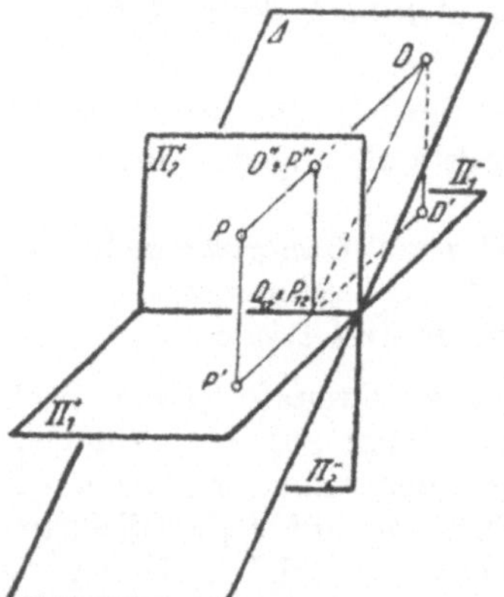

Fig. 33.

s ist also die Deckgerade von E und hat im zusammengeklappten Zweitafelsystem sich deckende Risse s' und s''. Jede Gerade g von E, die nicht zu s parallel ist, schneidet s in einem Punkt von $\varDelta$, in dem Deckpunkt von g. Der Punkt des zusammengeklappten Zweitafelsystems, in dem die Risse des Deckpunktes vereinigt sind, gehört sowohl der Geraden $s' \equiv s''$ als auch den Rissen g' und g'' von g an. Mithin ergibt sich für $s' \equiv s''$ auch in dieser Weise die grundlegende Eigenschaft der Affinitätsachse.

Sind die Rißachse a_{12} und die Spuren e_1, e_2 von E gegeben, so ist der Schnittpunkt von e_1, e_2 und a_{12} der gemeinsame Deckpunkt von e_1 und e_2. Deshalb geht die Gerade $s' \equiv s''$ durch ihn, aber sie erleidet trotzdem durch eine Parallelverschiebung von a_{12} keine Änderung, weil dabei die beiden Risse jeder Geraden von E und somit auch ihr auf $s' \equiv s''$ liegender gemeinsamer Punkt ungeändert bleiben. In der Tat bedeutet nach Nr. 34 eine Parallelverschiebung der Rißachse des zusammengeklappten Zweitafelsystems für das räumliche Zweitafelsystem gleichzeitige Parallelverschiebungen der Tafeln, bei denen die Rißachse sich längs der fest bleibenden Ebene $\varDelta$ bewegt. Deshalb sagen wir:

Die Achse der Affinität, die im zusammengeklappten Zweitafelsystem zwischen den Rissen einer ebenen Figur besteht, ist der vereinigte Grund- und Aufriß der Deckgeraden, die der Ebene der Figur angehört. Sie ist unabhängig von der Lage der Rißachse und wird am besten bestimmt durch die Schnittpunkte zwischen Grund- und Aufriß von mindestens zwei Geraden — insbesondere Hauptlinien — der Ebene.

130. Aufgabe: *Gegeben* sind die Risse eines in der Grundrißtafel liegenden regelmäßigen Sechsecks $ABCDEF$ und der Kanten eines über demselben stehenden schiefen Prismas; ferner die Spuren e_1 und e_2 einer Ebene E. *Gesucht* sind die Risse und die wahre Gestalt der Schnittfigur zwischen E und dem Prisma.

Wir konstruieren zuerst nach Nr. 67 die Risse und darauf nach Nr. 110 die Umlegung des Schnittpunktes zwischen einer der Prismenkanten und der Ebene E. Die Genauigkeit der folgenden Konstruktionen wird erhöht, wenn wir eine Kante wählen, deren Spurpunkt möglichst weit von e_1 entfernt ist. Sei A dieser Punkt, so bezeichnen wir jenen Schnittpunkt mit $\mathfrak{A}$ und seine Risse und seine Umlegung mit $\mathfrak{A}'$, $\mathfrak{A}''$, $\mathfrak{A}_0'$. Die beiden durch $\mathfrak{A}$ laufenden Hauptlinien der Ebene E benützen wir nach Nr. 129 zur Bestimmung der vereinigten Risse $s' \equiv s''$ der Deckgeraden von E und zeichnen dann nach Nr. 124 zu dem Sechseck $ABCDEF$ die affinen Bilder

1. mit der Affinitätsachse e_1 und dem Paar entsprechender Punkte A', $\mathfrak{A}'$;
2. mit der Affinitätsachse $s' \equiv s''$ und dem Paar entsprechender Punkte $\mathfrak{A}'$, $\mathfrak{A}''$;
3. mit der Affinitätsachse e_1 und dem Paar entsprechender Punkte $\mathfrak{A}'$, $\mathfrak{A}_0'$.

Diese sind die gesuchten Figuren, und es müssen deshalb insbesondere die Punkte der an zweiter Stelle genannten auf die Aufrisse der Prismenkanten fallen.

Affine Figuren mit besonderen Eigenschaften.

131. Der letzte Satz von Nr. 120 gilt auch für die Paare entsprechender Strecken, die auf den Affinitätsstrahlen durch die Paare entsprechender Punkte und die Affinitätsachse begrenzt werden. Wenn wir also z. B. in Fig. 32 die Schnittpunkte zwischen den Affinitätsstrahlen $A_1 A_2$, $B_1 B_2$, $C_1 C_2$ usw. und der Affinitätsachse s mit A_0, B_0, C_0 usw. bezeichnen, so bestehen die Verhältnisgleichheiten

$$A_0 A_1 : A_0 A_2 = B_0 B_1 : B_0 B_2 = C_0 C_1 : C_0 C_2 = \text{ usw.}$$

Wir finden sie auch unmittelbar daraus, daß $\triangle UA_0 A_1 \backsim \triangle UB_0 B_1$, $\triangle UA_0 A_2 \backsim \triangle UB_0 B_2$ usw. und folglich

$$A_0 A_1 : B_0 B_1 = UA_0 : UB_0, \quad A_0 A_2 : B_0 B_2 = UA_0 : UB_0 \text{ usw.}$$

sein muß. Ferner sind, wenn die parallelen Strecken $A_0 A_1$, $B_0 B_1$ gleichsinnig sind, nach dem vorletzten Satz von Nr. 120 auch die ihnen ent-

6*

sprechenden Strecken $A_0 A_2$, $B_0 B_2$ gleichsinnig; das heißt, es müssen, wenn A_1 und B_1 auf derselben Seite von s sich befinden, A_2 und B_2 entweder beide auf dieser oder beide auf der anderen Seite von s liegen. Sind aber $A_0 A_1$ und $B_0 B_1$ ungleichsinnig, so gilt dies auch für $A_0 A_2$ und $B_0 B_2$; dann liegen entweder A_2 auf der Seite von A_1 und B_2 auf der Seite von B_1 oder beide Punkte auf der jeweiligen anderen Seite. In allen Fällen ergibt sich, daß A_0 und B_0 entweder gleichzeitig den Strecken $A_1 A_2$ und $B_1 B_2$ angehören oder gleichzeitig ihren Verlängerungen. Dasselbe finden wir für alle Paare entsprechender Punkte und erhalten somit den Satz:

Bei zwei affinen Figuren teilt die Affinitätsachse die Strecken, die durch die Paare entsprechender Punkte auf den Affinitätsstrahlen begrenzt werden, in gleichem Verhältnis, und zwar sämtlich innerlich oder sämtlich äußerlich.

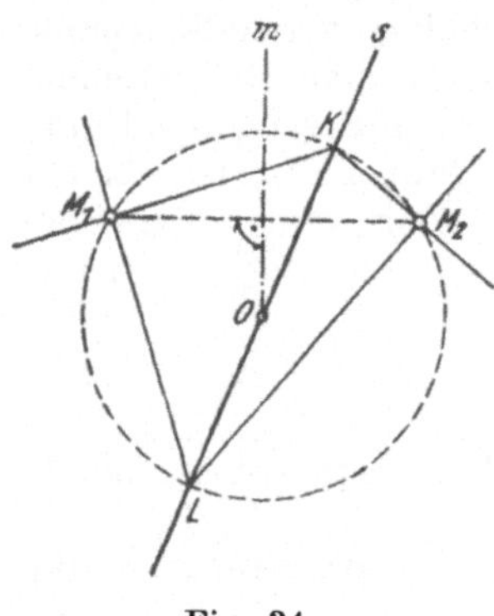

Fig. 34.

132. Wenn also die Affinitätsachse s die Mittelsenkrechte einer solchen Strecke ist, so ist sie auch die Mittelsenkrechte aller übrigen Strecken dieser Art. In diesem Falle entsteht die eine der beiden affinen Figuren aus der anderen dadurch, daß man von den Punkten der ersten Figur die Lote auf s fällt und jedes derselben um sich selbst verlängert. Da dies das Gesetz ist, nach dem das Spiegelbild einer Figur hergestellt wird, bezeichnet man eine solche Affinität als *Spiegelung an der Achse s*. Ferner vertauschen sich nach den in Nr. 108 entwickelten Gesetzen der Drehung zwei in dieser Weise affine Figuren, sobald wir ihre Ebene einer halben Umdrehung (mit dem Drehungswinkel 180°) um die Achse s unterziehen. Also folgt der Satz:

Zwei Figuren derselben Ebene, die einander in einer Spiegelung entsprechen, sind kongruent und liegen symmetrisch in bezug auf die Spiegelungsachse.

Eine ebene Figur, die eine Symmetrieachse besitzt, zerfällt durch diese in zwei Teile, die einander in einer Spiegelung entsprechen.

133. Sind die Punkte M_1 und M_2 einander in einer Affinität zugeordnet und verbinden wir sie mit zwei Punkten K und L der Affinitätsachse s, so sind $\sphericalangle K M_1 L$ und $\sphericalangle K M_2 L$ entsprechende Winkel. Außer im Fall einer Spiegelung, in dem sie stets gleich sind, hat die Frage Bedeutung, wann sie gleichzeitig Rechte sind. Dann muß (Fig. 34) der Kreis, dessen Durchmesser die Strecke $K L$ ist, durch M_1 und M_2 gehen und folglich den Schnittpunkt O zwischen s und der Mittelsenkrechten m von $M_1 M_2$ zum Mittelpunkt haben. Es gibt stets gerade einen solchen Kreis, sobald m nicht zu s parallel und somit der Affinitätsstrahl $M_1 M_2$ nicht zu s senkrecht ist. Also folgt der Satz:

In einer Affinität, deren Affinitätsstrahlen nicht auf ihrer Achse s senkrecht stehen, sind je zwei einander zugeordnete Punkte M_1, M_2 die Scheitel von zwei entsprechenden rechten Winkeln, die man folgendermaßen findet: Man schneidet s mit der Mittelsenkrechten von $M_1 M_2$ in O, legt um O den Kreis, der durch M_1 und M_2 geht, bestimmt seine Schnittpunkte K, L mit s und verbindet diese mit M_1 und M_2.

Ist $M_1 M_2$ zu s senkrecht, so erhalten wir in dieser Weise keine entsprechenden rechten Winkel außer im Falle einer Spiegelung, bei der ja m mit s übereinstimmt und jeder Punkt von s als der Punkt O genommen werden kann.

134. Aber wir können noch auf eine zweite Art entsprechende Winkel mit den Scheiteln M_1, M_2 herstellen; ihre Schenkel sind die einander zugeordneten Geraden, die durch M_1 und M_2 parallel zu s laufen, und die Verbindungsgeraden von M_1 und M_2 mit einem Punkt K von s. Sollen diese Winkel gleichzeitig Rechte sein, so müssen $K M_1$ und $K M_2$ auf s senkrecht stehen und somit derselben, zu s senkrechten Geraden angehören. Dies ist nur möglich, wenn $M_1 M_2$ und somit — wie bei der in Nr. 127 behandelten Affinität zwischen den Grundrissen einer ebenen Figur und ihrer Umlegung — alle Affinitätsstrahlen zu s senkrecht sind. Deshalb folgt der Satz:

In einer Affinität, deren Affinitätsstrahlen auf ihrer Achse s senkrecht stehen, sind je zwei einander zugeordnete Punkte M_1, M_2 die Scheitel von zwei entsprechenden rechten Winkeln, von deren Schenkeln je der eine zu s parallel ist und der andere mit dem Affinitätsstrahl $M_1 M_2$ übereinstimmt.

Ist die Affinität keine Spiegelung, so schließen die Voraussetzungen der letzten beiden Sätze einander aus. Das heißt:

In jeder Affinität, die nicht eine Spiegelung ist, sind je zwei einander zugeordnete Punkte die Scheitel für gerade ein Paar von entsprechenden rechten Winkeln.

Wissen wir aber umgekehrt, daß die beiden Punkte M_1, M_2 die Scheitel von zwei Paaren entsprechender rechten Winkel sind, so schließen wir aus den letzten Sätzen, daß M_1 und M_2 entweder zwei Kreisen angehören, deren Mittelpunkte auf der Affinitätsachse s liegen, oder einem solchen Kreise und einer zu s senkrechten Geraden. Beide Male ist s die Mittelsenkrechte der Strecke $M_1 M_2$. Hieraus folgt auf Grund von Nr. 132 der Satz:

Gibt es in einer Affinität zwei einander zugeordnete Punkte, welche Scheitel für zwei Paare von entsprechenden rechten Winkeln sind, so ist die Affinität eine Spiegelung.

135. Sind in Fig. 35 $\triangle A_1 B_1 C_1$ und $\triangle A_2 B_2 C_2$ affine Dreiecke mit der Affinitätsachse s, so schneiden die Schenkel zweier entsprechenden Winkel $K A_1 L$ und $K A_2 L$ in die Geraden $B_1 C_1$ und $B_2 C_2$ zwei Paare entsprechender Punkte — D_1 und D_2, E_1 und E_2 — ein[1]). Dabei stimmen die Punkte B_1, C_1, D_1, E_1 auf Grund der Sätze von Nr. 120 mit den Punkten B_2, C_2, D_2, E_2 sowohl hinsichtlich ihrer Anordnung als auch hinsichtlich der Verhältnisse der von ihnen begrenzten Strecken überein. Wir legen nun an $B_1 C_1$ ein Dreieck $A^* B_1 C_1$ an, das dem Dreieck $A_2 B_2 C_2$ — mit der durch die Bezeichnung gegebenen Zuordnung der Ecken — ähnlich ist; dann erkennen wir sofort, daß auch

$$\triangle A^* B_1 D_1 \sim \triangle A_2 B_2 D_2, \qquad \triangle A^* B_1 E_1 \sim A_2 B_2 E_2$$

und somit $\triangle A^* D_1 E_1 \sim \triangle A_2 D_2 E_2$ ist. Also ist ·

$$\sphericalangle D_1 A^* E_1 = \sphericalangle D_2 A_2 E_2.$$

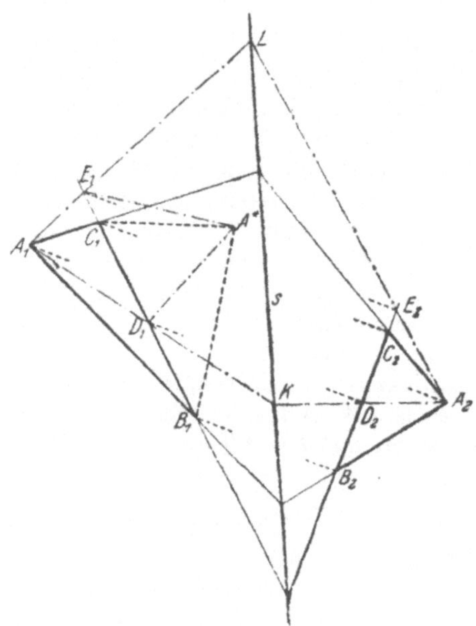

Fig. 35.

Wenn es nun eine zweite Affinität gibt, in der dem Dreieck $A_1 B_1 C_1$ ein mit Dreieck $A_2 B_2 C_2$ ähnliches Dreieck $A_3 B_3 C_3$ zugeordnet ist, so entspricht in ihr dem Winkel $D_1 A_1 E_1$ ein Winkel $D_3 A_3 E_3$, für den wir genau wie soeben die Gleichung

$$\sphericalangle D_1 A^* E_1 = \sphericalangle D_3 A_3 E_3$$

beweisen können. Also muß

$$\sphericalangle D_2 A_2 E_2 = \sphericalangle D_3 A_3 E_3$$

sein, und das heißt:

Werden durch verschiedene Affinitäten demselben Dreieck unter einander ähnliche Dreiecke zugeordnet, so hat in ihnen jeder Winkel, dessen Scheitel eine Ecke des Dreiecks ist, zu affinen Bildern lauter unter einander gleiche Winkel.

In Fig. 35 haben wir neben der Affinität, von der wir ausgegangen sind, bereits eine zweite Affinität dieser Art, allerdings eine solche, die zu dem Dreieck $A_1 B_1 C_1$ in einer besonderen Beziehung steht: Sie ist durch die Gerade $B_1 C_1$ als Achse und durch das Paar entsprechender Punkte A_1, A^* bestimmt.

136. Ist in Fig. 36 ein Dreieck $A B C$ durch seine Risse gegeben, so konstruieren wir nach Nr. 110 den Grundriß $A_0' B_0' C_0'$ seiner Umlegung, indem wir die durch A laufende erste Hauptlinie t der Ebene $A B C$ zur Umlegungsachse nehmen. Für die Affinität, die zwischen

---

[1]) Die Sonderfälle, in denen zwei zugeordnete Schenkel entweder zu s oder zu $B_1 C_1$ bzw. $B_2 C_2$ parallel sind, lassen sich ohne weiteres den folgenden Betrachtungen unterordnen.

den Dreiecken $A'B'C'$ und $A_0'B_0'C_0'$ besteht, gilt der erste Satz von Nr. 134. Es gibt also ein Paar von entsprechenden rechten Winkeln, deren Scheitel die vereinigten entsprechenden Punkte A' und A_0' sind; nämlich die Winkel $D'A'E'$ und $D_0'A_0'E_0'$, wenn die Geraden $B'C'$ und $B_0'C_0'$ die Affinitätsachse $t' \equiv t_0'$ in $D' \equiv D_0'$ und den durch $A' \equiv A_0'$ laufenden Affinitätsstrahl in E' und E_0' schneiden.

Wir legen nun an die Strecke $B'C'$ ein Dreieck $A^*B'C'$ an, das dem Dreieck $A_0'B_0'C_0'$ — d. h. dem Dreieck ABC — ähnlich ist, und erhalten dadurch genau dieselbe Figur wie in Nr. 135. Also ist

$$\sphericalangle D'A^*E' = \sphericalangle D_0'A_0'E_0' = 90°$$

und, was wir ebenfalls brauchen,

$$\sphericalangle A^*D'E' = \sphericalangle A_0'D_0'E_0'.$$

In der Affinität nun, deren Achse die Gerade $B'C'$ ist und in der A' und A^* einander zugeordnet sind, bilden $\sphericalangle D'A'E'$ und $\sphericalangle D'A^*E'$ das zu A' und A^* gehörige Paar von entsprechenden rechten Winkeln; also sind nach Nr. 133[1]) D', E' die Schnittpunkte von $B'C'$ mit dem Kreise, dessen Mittelpunkt auf $B'C'$ liegt und der durch A' und A^* geht. Dabei unterscheidet sich D' von E' in folgender Weise: Weil der Winkel ADE spitz ist und den wagerechten Schenkel $AD \equiv t$ hat,

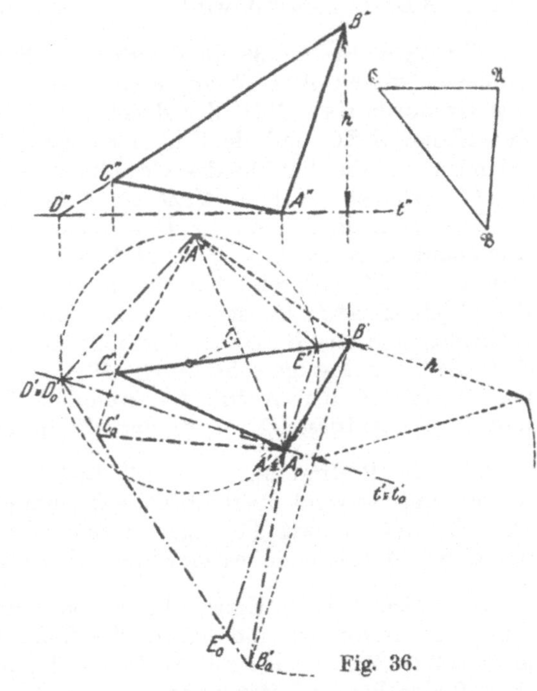

Fig. 36.

ist er nach Nr. 52 größer als sein Grundriß. Infolgedessen ist

$$\sphericalangle A_0'D_0'E_0' > \sphericalangle A'D'E' \quad \text{und somit} \quad \sphericalangle A^*D'E' > \sphericalangle A'D'E',$$

so daß auf dem Hilfskreise E' dem Punkt A' näher als dem Punkt A^* liegt und D' sich gerade umgekehrt verhält. Wir erhalten hierdurch den Satz:

Trägt man an die Seite $B'C'$ des Grundrisses eines Dreiecks ABC ein dem letzteren ähnliches Dreieck $A^*B'C'$ an, so wird durch die Achse $B'C'$ und das Punktepaar A', A^* eine Affinität bestimmt. Wenn man

---

[1]) Wir übergehen den Sonderfall, in dem auch hier der erste Satz von Nr. 134 in Kraft tritt.

für diese das zu A' und $A*$ gehörige Paar von entsprechenden rechten Winkeln aufsucht, so erhält man als Schenkel des rechten Winkels in A' die Grundrisse der ersten Hauptlinie und der ersten Fallinie, die in der Ebene ABC durch A laufen. Und zwar geht der Grundriß der ersten Hauptlinie durch denjenigen Schnittpunkt zwischen $B'C'$ und dem nach Nr. 133 zu ziehenden Hilfskreise, der dem Punkt $A*$ näher als dem Punkt A' liegt.

137. Aufgabe: *Gegeben* sind in Fig. 36 ein Dreieck $\mathfrak{A}\mathfrak{B}\mathfrak{C}$, die beiden Risse A', A'' eines Punktes A und die Grundrisse B', C' zweier weiteren Punkte B, C. *Gesucht* sind die Aufrisse B'', C'' in der Weise, daß $\triangle ABC \sim \triangle \mathfrak{A}\mathfrak{B}\mathfrak{C}$ wird.

Wir legen in Fig. 36 an die Strecke $B'C'$ das dem Dreieck $\mathfrak{A}\mathfrak{B}\mathfrak{C}$ ähnliche Dreieck $A*B'C'$ an, bestimmen nach dem Satz von Nr. 136 den Grundriß $t' \equiv A'D'$ der durch A laufenden ersten Hauptlinie t der Ebene ABC und denken uns diese Ebene um t umgelegt. Bezeichnen wir die Punkte des Grundrisses der Umlegung mit A_0', B_0', C_0', D_0', so haben wir $A_0' \equiv A'$, $D_0' \equiv D'$ und können — wie in Nr. 135 für die Dreiecke $A_2B_2D_2$ und $A*B_1D_1$ — zeigen, daß $\triangle A_0'B_0'D_0' \sim \triangle A*B'D'$ und somit $\sphericalangle A_0'D_0'B_0' = \sphericalangle A*D'B'$ sein muß. Deshalb finden wir die Punkte B_0', C_0' dadurch, daß wir in D' an t' einen Winkel antragen, der gleich $\sphericalangle A*D'B'$ ist, und seinen freien Schenkel mit den Loten schneiden, die aus B', C' auf t' gefällt werden. Hierauf legen wir den Aufriß t'' von t wagerecht durch A'' und konstruieren nach Nr. 113 aus B' und B_0' den Aufriß B'', während die Ordnungslinien von D' und C' die Aufrisse D'' in t'' und C'' in $B''D''$ einzeichnen.

Für die Bestimmung von B'' bestehen zwei Möglichkeiten, da dieser Punkt sowohl oberhalb als auch unterhalb von t'' liegen kann. Deshalb gibt es zwei Lösungen unserer Aufgabe, deren Ebenen mit der durch A gehenden wagerechten Ebene gleiche Winkel bilden.

Wir haben bei der Konstruktion von t' den Punkt A' und die Gerade $B'C'$ bevorzugt und hätten die Richtung der ersten Hauptlinie in derselben Weise auch mit Hilfe von B' und $A'C'$ oder von C' und $A'B'$ finden können. Dabei hätte sich, wie nicht bewiesen werden soll, genau dasselbe ergeben.

138. Die Lösungen der Aufgabe von Nr. 137 können auch aufgefaßt werden als ebene Schnitte des dreiseitigen Prismas, dessen Kanten in A', B', C' auf der Grundrißtafel senkrecht stehen. Jede Ebene, die zu einer der beiden gefundenen Ebenen parallel ist, schneidet das Prisma in einem dem $\triangle \mathfrak{A}\mathfrak{B}\mathfrak{C}$ ähnlichen Dreieck. Ist nun ein dreiseitiges Prisma in beliebiger Lage gegeben, so können stets eine zu seinen Kanten senkrechte und eine zu seinen Kanten parallele Seitenrißtafel eingeführt und an die Stelle der Grund- und Aufrißtafel gesetzt werden, so daß die Aufgabe, das Prisma in Dreiecken von gegebener Gestalt zu schneiden, ebenfalls auf die Aufgabe von Nr. 137 zurückgeführt werden kann. Also gilt der Satz:

Ein dreiseitiges Prisma mit den Kanten a, b, c wird durch zwei Scharen von parallelen Ebenen in Dreiecken A B C geschnitten, die — unter der durch die Bezeichnung angedeuteten Zuordnung — einem gegebenen Dreieck 𝔄𝔅ℭ ähnlich sind. Der Winkel zwischen zwei Ebenen aus beiden Scharen wird gehälftet durch eine zu a, b, c senkrechte Ebene.

II. Die Ellipse: Konjugierte Durchmessersehnen.

Das affine Bild des Kreises.

139. Wir haben bisher den Riß eines Kreises nur in den Fällen behandelt, in denen die Ebene des Kreises zu der Rißtafel oder zu den Projektionsstrahlen parallel ist. Wenn wir jetzt ganz allgemein die krumme Linie oder *Kurve* untersuchen, die sich als Riß des Kreises bei irgendeiner Parallelprojektion ergibt, so können wir stets die Ebene des Kreises in die Rißtafel umlegen und erhalten nach dem ersten Satz von Nr. 127 den Riß als das affine Bild des umgelegten Kreises. Mit Hilfe der Gesetze der Affinität werden wir aus den Eigenschaften des Kreises die Eigenschaften der Kurve ableiten, die sein affines Bild ist, und dabei erkennen, daß es sich um diejenigen der *Ellipse* handelt. Deshalb wollen wir diesen Namen bereits jetzt einführen, jedoch ohne jene Eigenschaften als bekannt vorauszusetzen und nur mit der folgenden Begriffsbestimmung:

Unter einer Ellipse verstehen wir eine Kurve, die sich als affines Bild eines Kreises ergibt.

140. Eine Affinität sei (Fig. 38 auf Seite 92) gegeben durch ihre Achse s und ein Paar einander zugeordneter Punkte M_1 und M, von denen M_1 der Mittelpunkt des Kreises k_1 sei. Einer Durchmessersehne $A_1 B_1$ von k_1 ist eine Sehne AB der zu k_1 affinen Ellipse k so zugeordnet, daß die Gerade AB durch M und den Schnittpunkt zwischen s und der Geraden $A_1 B_1$ geht und daß in sie die Punkte A, B durch die Affinitätsstrahlen von A_1, B_1 eingezeichnet werden. Da M_1 die Strecke $A_1 B_1$ hälftet, ist nach dem letzten Satz von Nr. 120 M die Mitte von AB. Drehen wir $A_1 B_1$ um M_1, so dreht sich AB um M; dabei durchlaufen A und B die Ellipse k lückenlos derart, daß in jedem Augenblick $MA = MB$ ist. Deshalb dürfen wir sagen:

Die Ellipse ist eine ebene geschlossene Kurve mit einem Mittelpunkt, der jede durch ihn gehende Sehne hälftet. Die durch ihn laufenden Geraden heißen Durchmesser, die auf diesen liegenden Sehnen Durchmessersehnen der Ellipse.

Der Mittelpunkt und die Durchmessersehnen einer Ellipse entsprechen dem Mittelpunkt und den Durchmessersehnen des Kreises, dessen affines Bild die Ellipse ist.

Die Tangenten.

141. Wenn ein Punkt auf einer Kurve sich bewegt, so hat er in jedem Augenblick eine bestimmte, aber fortwährend sich ändernde Fortschreitungsrichtung. Diese können wir für eine Stelle P der Kurve zunächst annähernd durch eine Gerade angeben, die den Punkt P mit einem benachbarten Punkt X der Kurve verbindet, und beobachten, daß die Annäherung um so genauer wird, je näher wir den Punkt X an P heranrücken. Hieraus folgern wir, daß die gesuchte Fortschreitungsrichtung durch die Grenzlage der Drehung angezeigt wird, zu der die Gerade PX durch die unbegrenzte Annäherung des Punktes X an den Punkt P veranlaßt wird. Bei den Kurven, mit denen wir es zu tun haben werden, ist eine solche Grenzlage in allen Punkten vorhanden; und zwar ergibt sich — abgesehen von Ausnahmepunkten, in denen die Kurve einen *Knick* (Fig. 37, a) oder einen *Knoten* (Fig. 37, b) besitzt — immer eine und dieselbe Grenzlage, gleichviel, ob wir X von der einen oder von der anderen Seite an den Punkt P heranrücken lassen. Die Gerade, die diese Grenzlage bildet, steht zu der Kurve in einer Beziehung, die das Auge als Berührung auffaßt. Deshalb sagen wir:

Eine Kurve besitzt in jedem Punkt P, der kein Knick oder Knoten ist, eine und nur eine berührende Gerade oder Tangente. Wir bestimmen sie als Grenzlage, der eine Sehne PX zustrebt, während X sich dem Punkt P unbegrenzt nähert.

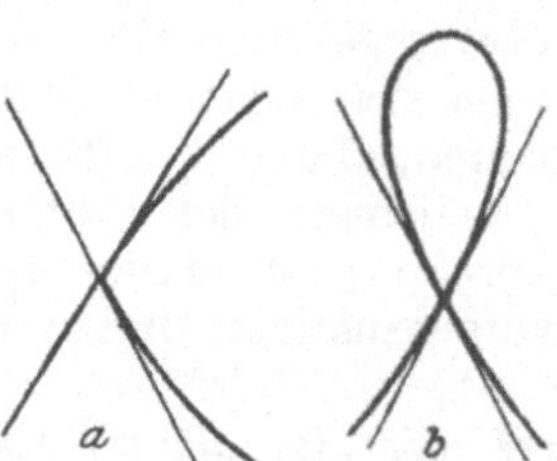

Fig. 37.

142. Die Tangente, die eine Ellipse k in einem Punkt P besitzt, suchen wir zugleich mit der Tangente für den entsprechenden Punkt P_1 des Kreises k_1, dessen affines Bild k ist. Ein dem Punkt P_1 benachbarter Punkt X_1 von k_1 bestimmt vermöge der Affinität einen dem Punkt P nahen Punkt X auf k; rückt X_1 an P_1 heran, so nähert sich X dem Punkt P und vereinigt sich mit ihm, wenn X_1 mit P_1 zusammenfällt. Dabei drehen sich die einander zugeordneten Geraden P_1X_1 und PX um P_1 und P und nähern sich gleichzeitig ihren Grenzlagen, so daß auch diese einander in der Affinität entsprechen müssen. Diese Grenzlagen sind aber nach Nr. 141 die zu P_1 gehörige Tangente des Kreises k_1 und die zu P gehörige Tangente der Ellipse k.

Die soeben für den Kreis gefundene Tangente ist — in Übereinstimmung mit den Sätzen der Elementargeometrie — das Lot t_1, das im Punkt P_1 auf dem Halbmesser M_1P_1 errichtet werden kann. In der Tat ist t_1 die Grenzlage von P_1X_1; denn der spitze Winkel zwischen P_1X_1 und t_1 ist halb so groß wie der Mittelpunktswinkel $P_1M_1X_1$ und nähert sich deshalb, wenn X_1 nach P_1 rückt, dem Werte 0. Also dürfen wir sagen:

Eine Ellipse besitzt in jedem Punkt eine Tangente, entsprechend der Tangente in dem zugeordneten Punkte des Kreises, dessen affines Bild die Ellipse ist.

Wir können den obigen Gedankengang auf jede ebene Kurve und ihr affines Bild übertragen und erhalten dadurch den Satz:

Bei zwei affinen Kurven entspricht jedem Punkt und der zugehörigen Tangente der einen Kurve ein Punkt der anderen Kurve nebst der in ihm berührenden Tangente.

143. Da jedem Schnittpunkt des Kreises k_1 und einer Geraden g_1 ein Schnittpunkt der Ellipse k und der entsprechenden Geraden g umkehrbar eindeutig zugeordnet ist, so folgt aus den drei Möglichkeiten, die für das gegenseitige Verhalten von g_1 und k_1 bestehen, der Satz:

Eine Ellipse hat mit einer Geraden ihrer Ebene entweder keinen Punkt oder einen Punkt oder zwei Punkte gemeinsam. Im zweiten Fall ist die Gerade Tangente der Ellipse.

In genau derselben Weise führt der Satz, daß durch einen Punkt zwei, eine oder keine Tangenten eines Kreises laufen, zu dem Satz:

An eine Ellipse gehen aus einem Punkt entweder zwei oder eine oder keine Tangenten. Im zweiten Fall liegt der Punkt auf der Ellipse und ist der Berührungspunkt der Tangente.

Da ferner zwei parallelen Tangenten des Kreises k_1 stets zwei parallele Tangenten der Ellipse k entsprechen, erhalten wir — durch dieselbe Überlegung wie soeben — die folgenden Sätze aus den ihnen gleichlautenden Sätzen über den Kreis:

Die Tangenten, die eine Ellipse in den Endpunkten einer Durchmessersehne besitzt, sind einander parallel.

Die Berührungspunkte zweier zueinander parallelen Tangenten einer Ellipse sind die Endpunkte derselben Durchmessersehne.

Eine Ellipse besitzt stets zwei Tangenten, die einer gegebenen Geraden parallel sind.

Konjugierte Durchmesser.

144. Zwei rechtwinkligen Durchmessern des Kreises k_1, A_1B_1 und C_1D_1, werden in Fig. 38 durch die Affinität zwei Durchmesser AB und CD der Ellipse k zugeordnet. Diese stehen im allgemeinen nicht aufeinander senkrecht, sind aber trotzdem aneinander gebunden. Denn wenn AB gegeben ist, so können wir den entsprechenden Durchmesser A_1B_1, darauf den zu diesem senkrechten Durchmesser C_1D_1 von k_1 und aus diesem den ihm entsprechenden Durchmesser CD von k konstruieren. In derselben Weise kommen wir vom Durchmesser CD ausgehend zu dem Durchmesser AB. Diesen Zusammenhang bezeichnen wir dadurch, daß wir AB und CD *konjugierte Durchmesser* und die auf ihnen liegenden Sehnen *konjugierte Durchmessersehnen* der Ellipse nennen.

Dadurch, daß wir je zwei rechtwinklige Durchmesser des Kreises als ein **Paar** zusammenfassen, erhalten wir eine *Paarung* unter den Durchmessern des Kreises. Gleichzeitig ordnen sich die Durchmesser der Ellipse in *Paare konjugierter Durchmesser:*

Die Paarung der konjugierten Durchmesser einer Ellipse entspricht in der Affinität der Paarung der rechtwinkligen Durchmesser des Kreises, dessen affines Bild die Ellipse ist.

145. Mit der Paarung der konjugierten Durchmesser sind wichtige Eigenschaften der Ellipse verbunden. Nehmen wir wieder in Fig. 38

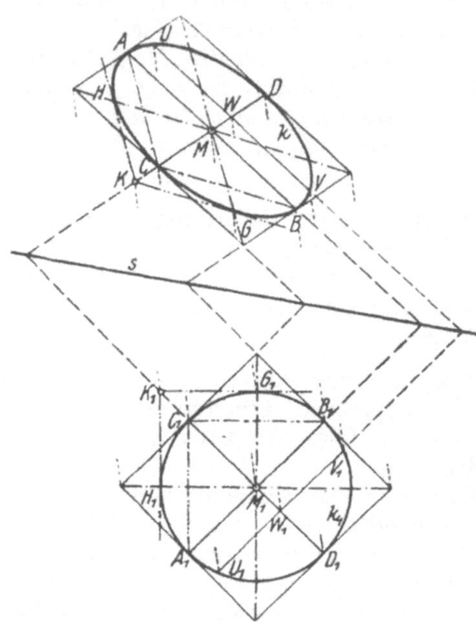

Fig. 38.

zwei beliebige rechtwinklige Durchmessersehnen $A_1 B_1$, $C_1 D_1$ des Kreises, so bilden die zu ihren Endpunkten gehörigen Tangenten ein Quadrat, dessen Gegenseitenpaare zu $A_1 B_1$ und $C_1 D_1$ parallel sind. Dies überträgt sich durch die Affinität auf die Ellipse so, daß ihre Tangenten in A, B, C, D ein Parallelogramm bilden, dessen Gegenseitenpaare zu AB und CD parallel sind. Also folgt:

Die Tangenten, die eine Ellipse in den Endpunkten einer Durchmessersehne hat, sind stets dem konjugierten Durchmesser parallel.

Eine Sehne UV der Ellipse k (Fig. 38), die zu AB parallel ist, entspricht einer zu $A_1 B_1$ parallelen Sehne $U_1 V_1$ des Kreises k_1. Der Mittelpunkt W_1 von $U_1 V_1$ liegt, da $C_1 D_1$ der zu $U_1 V_1$ senkrechte Durchmesser von k_1 ist, auf $C_1 D_1$. Deshalb gehört der ihm zugeordnete Mittelpunkt W von UV dem Durchmesser CD von k an. Das heißt:

Von zwei konjugierten Durchmessern einer Ellipse hälftet jeder die zu dem anderen parallelen Sehnen.

Verbinden wir einen beliebigen Punkt P der Ellipse k mit den Endpunkten A, B einer beliebigen Durchmessersehne, so entspricht das Dreieck ABP einem Dreieck $A_1 B_1 P_1$, das dem Kreise k_1 ein beschrieben und bei P_1 rechtwinklig ist. Den Durchmessern von k_1, die zu $A_1 P_1$ und $B_1 P_1$ parallel sind und demgemäß einander rechtwinklig schneiden, sind zwei konjugierte Durchmesser von k zugeordnet die zu AP und BP parallel sind. Also folgt der Satz:

Wird ein beliebiger Punkt einer Ellipse mit den Endpunkten einer beliebigen Durchmessersehne verbunden, so bilden die zu den Verbindungsgeraden parallelen Durchmesser stets ein Paar konjugierter Durchmesser der Ellipse.

Die Achteckskonstruktion.

146. *In dem Parallelogramm der Tangenten, die (Fig. 38) zu den Endpunkten von zwei konjugierten Durchmessersehnen AB, CD der Ellipse k gehören, sind die Diagonalen konjugierte Durchmesser von k.* Denn sie laufen durch den Mittelpunkt M von k, sind parallel zu den Diagonalen AC, BC der dem Tangentenparallelogramm ähnlichen Parallelogramme, die aus diesem durch AB, CD ausgeschnitten werden, und erfüllen somit die Voraussetzungen des letzten Satzes von Nr. 145. G und H seien diejenigen Endpunkte der auf ihnen liegenden Durchmessersehnen, die mit C auf der gleichen Seite von AB sich befinden, und K und K^* die Schnittpunkte der Geraden MC mit den in G und H berührenden Tangenten. Dann wird $KH \parallel MG \parallel AC$ und $K^*G \parallel MH \parallel BC$ sein.

Das Dreieck MHK entspricht in der Affinität dem Dreieck $M_1H_1K_1$, in dem M_1H_1 der zu B_1C_1 parallele Halbmesser des Kreises k_1 und K_1H_1 die in H_1 berührende Tangente ist. Da infolgedessen $\sphericalangle H_1M_1K_1 = \sphericalangle M_1C_1B_1 = 45°$ und $\sphericalangle M_1H_1K_1 = 90°$ ist, haben wir $M_1K_1 = M_1H_1\sqrt{2} = M_1C_1\sqrt{2}$ und folgern hieraus gemäß dem letzten Satz von Nr. 120, daß auch $MK = MC\sqrt{2}$ ist. In genau derselben Weise finden wir, daß $MK^* = MC\sqrt{2}$ ist, und erkennen dadurch, daß K^* mit K zusammenfällt. Also ergibt sich der Satz:

Sind AB, CD zwei konjugierte Durchmessersehnen und M der Mittelpunkt einer Ellipse, so erhält man zwei Tangenten der Ellipse dadurch, daß man auf der Geraden MC nach der Seite von C hin die Strecke $MK = MC\sqrt{2}$ aufträgt und durch K die Parallelen zu AC und BC zieht. Ihre Berührungspunkte sind ihre Schnittpunkte mit den Geraden, die man gleichzeitig durch M parallel zu AC und BC legt.

Hierbei finden wir die Länge von MK als Hypotenuse eines gleichschenkligen rechtwinkligen Dreiecks, das wir, wie in Fig. 39 das Dreieck MCN, vorteilhaft an MC selbst anlegen.

147. Der Kreis ist die einzige Kurve, für deren Erzeugung ein Werkzeug, der Zirkel, in allgemeinem Gebrauch ist. Jede andere Kurve müssen wir in der Weise zeichnen, daß wir uns eine Anzahl ihrer Punkte verschaffen und durch diese aus freier Hand einen Kurvenzug hindurchlegen, der der gewünschten Kurve möglichst nahe kommt. Dabei wird es von besonderem Vorteil sein, wenn wir in mehreren der konstruierten Punkte auch die Tangenten der Kurve besitzen; denn diese geben die Fortschreitungsrichtungen an, denen an den betreffenden Stellen der Bleistift folgen muß. Hingegen kann es sogar für das Gelingen schädlich sein, wenn man der Zeichnung der Kurve eine sehr große Anzahl dicht bei einander liegender Punkte zugrunde legt; denn die Verbindung der Punkte kann in diesem Fall infolge der unvermeidlichen kleinen Zeichenfehler eine Zickzacklinie ergeben, die sich um die gesuchte Kurve herumlegt und die Erkenntnis ihres wahren Verlaufes stört. Sonach erhalten wir die Vorschrift:

Um eine Kurve zu zeichnen, bestimme man eine nicht zu große Anzahl ihrer Punkte — möglichst mit den zugehörigen Tangenten — und lege aus freier Hand[1]) eine krumme Linie hindurch, die unter gleichmäßiger Richtungsänderung verläuft.

Sind in Fig. 39 die beiden konjugierten Durchmessersehnen AB, CD einer Ellipse gegeben, so können wir — wie besonders hervorzuheben ist, ohne daß die Konstruktion auf die affine Beziehung zum Kreise zurückgreifen müßte — nach dem ersten Satz von Nr. 145 die zu A, B, C gehörigen Tangenten (als zu CD und zu AB parallele Geraden) und nach Nr. 146 die Punkte G, H mit ihren Tangenten KG, KH

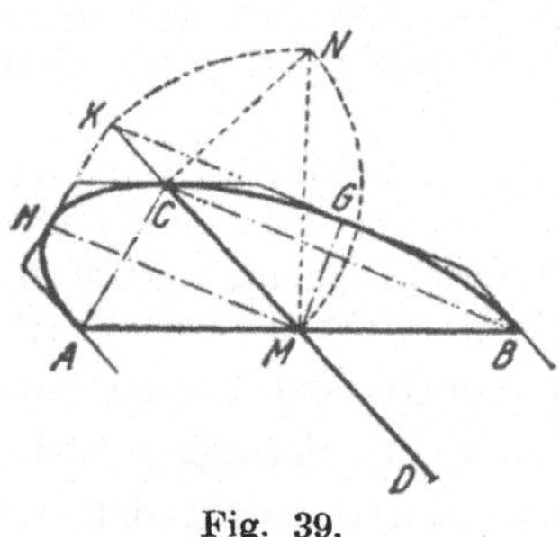

Fig. 39.

eintragen. Diese fünf Punkte mit ihren Tangenten gestatten es, die eine Hälfte der Ellipse einzuzeichnen, sofern nur geringe Ansprüche an die Genauigkeit gestellt werden. Vervollständigen wir diese Hilfsfigur für die andere Hälfte der Ellipse, so erhalten wir ein der Ellipse umgeschriebenes Achteck und nennen deswegen diese Konstruktion kurz „*die Achteckskonstruktion*". Für die Herstellung einer ganzen Ellipse jedoch ist sie nicht zu empfehlen (vgl. Nr. 169).

Die Bestimmung der Ellipse durch zwei konjugierte Durchmessersehnen.

148. Da die Achteckskonstruktion die affine Beziehung zum Kreise nicht als Hilfsmittel benutzt, können wir sie — wie in Fig. 39 — ausführen, indem wir von zwei beliebigen, sich gegenseitig hälftenden Strecken AB, CD ausgehen. Aber dann wissen wir nicht, ob es stets eine diesem Achteck eingeschriebene Ellipse oder gar mehrere solche gibt. So werden wir vor die Frage gestellt: *Gibt es, wenn zwei Strecken AB, CD mit gemeinschaftlichem Mittelpunkt M vollkommen willkürlich gezeichnet sind, stets Ellipsen, für die AB, CD ein Paar konjugierter Durchmessersehnen bilden, und wie viele?*

Jede solche Ellipse muß auf Grund der Begriffsbestimmungen in Nr. 139 und Nr. 144 sich so als affines Bild eines Kreises ergeben, daß die Strecken AB, CD zwei rechtwinkligen Kreisdurchmessern

---

[1]) **Kurvenlineale** dienen nur dazu, der Hand für das Ausziehen mit der Reißfeder eine sichere Leitung zu geben; die hierzu geeigneten Stellen der Kurvenlineale müssen durch Anlegen an die mit Bleistift gezeichnete Kurve sorgfältig ausgesucht werden.

A_1B_1, C_1D_1 entsprechen. Die Vorbedingung hierfür ist, daß die Affinität das Dreieck AMC in ein gleichschenkliges und bei M_1 rechtwinkliges Dreieck $A_1M_1C_1$ verwandelt. Denn in diesem Falle — und nur in ihm — sind die Strecken A_1B_1, C_1D_1, die durch Verdoppelung von M_1A_1 und M_1C_1 entstehen, rechtwinklige Durchmessersehnen eines Kreises. Zur Beantwortung unserer Frage müssen wir also Affinitäten mit dieser Eigenschaft in Betracht ziehen.

149. Eine Affinität dieser Art können wir sofort bestimmen: Ihre Achse ist die Gerade AC, und dem Punkt M ist der eine Punkt M^* zugeordnet, der mit A und C ein gleichschenkliges, bei M^* rechtwinkliges Dreieck bildet. Sie liefert in dem affinen Bild des Kreises, der um M^* mit dem Halbmesser M^*A geschlagen ist, *stets eine Ellipse, die AB und CD zu konjugierten Durchmessersehnen hat.*

Wir nehmen nun an, daß' zwei Affinitäten mit der in Nr. 148 gekennzeichneten Eigenschaft gegeben sind; die soeben genannte kann eine von ihnen sein oder auch nicht. Dann besitzen wir zwei Ellipsen, die AB und CD zu konjugierten Durchmessersehnen und folglich M zum gemeinsamen Mittelpunkt haben. Da die beiden Affinitäten dem Dreieck AMC zwei untereinander ähnliche Dreiecke zuordnen, tritt der Satz von Nr. 135 in Kraft; nach ihm hat jeder Winkel mit dem Scheitel M, dem in der einen Affinität ein rechter Winkel entspricht, auch in der anderen Affinität einen rechten Winkel zum Bilde. Infolgedessen bilden die durch M gehenden Geraden, denen die Schenkel eines solchen Winkels angehören, sowohl für die eine wie für die andere Ellipse ein Paar von Durchmessern, die rechtwinkligen Kreisdurchmessern zugeordnet und somit einander konjugiert sind. Das heißt: *Jedes Paar konjugierter Durchmesser der einen Ellipse ist auch ein Paar konjugierter Durchmesser der anderen Ellipse.*

150. Da die beiden Ellipsen den Punkt A gemeinsam haben, schneidet nach dem ersten Satz von Nr. 143 jede in eine Gerade g, die durch A geht und nicht Tangente ist, einen weiteren Punkt ein, der mit U_1 bzw. U_2 bezeichnet sei. Der zu g parallele Durchmesser bestimmt nach Nr. 149 einen Durchmesser, der ihm für beide Ellipsen gleichzeitig konjugiert ist. Diesem aber sind nach dem letzten Satz von Nr. 145 die Geraden BU_1 und BU_2 parallel, die U_1 und U_2 mit dem zweiten Endpunkt B der gemeinsamen Durchmessersehne AB verbinden. Also muß BU_1 mit BU_2 und folglich auch U_1 mit U_2 zusammenfallen.

Drehen wir nun g um A, so erkennen wir, daß jeder Punkt U_1 der einen Ellipse zugleich ein Punkt U_2 der anderen ist, daß also die beiden Ellipsen sich vollständig zu einer einzigen vereinigen. Dieselbe Ellipse ergibt sich, wie wir in der gleichen Weise zeigen können, auch bei jeder anderen Affinität, welche die in Nr. 148 ausgesprochene Bedingung erfüllt, als affines Bild eines Kreises. Und zwar lehrt die letzte Bemerkung von Nr. 149, daß dabei aus der Paarung der rechtwinkligen Kreisdurchmesser immer eine und dieselbe Paarung konjugierter Durchmesser der Ellipse entsteht. Also gelten die Sätze:

Sind zwei Strecken mit gemeinschaftlichem Mittelpunkt gezeichnet, so gibt es stets eine und nur eine Ellipse, für die sie ein Paar konjugierter Durchmessersehnen sind.

Jedes Paar konjugierter Durchmesser einer Ellipse entspricht einem rechtwinkligen Durchmesserpaar eines jeden Kreises, als dessen affines Bild die Ellipse auftritt.

Konstruktion der Ellipse aus zwei konjugierten Durchmessersehnen.

151. Um die Ellipse, die durch zwei konjugierte Durchmessersehnen AB, CD bestimmt ist, zu zeichnen, brauchen wir nach Nr. 147 eine größere Anzahl ihrer Punkte und dürfen nunmehr für die Konstruktion derselben einen beliebigen Kreis zu Hilfe ziehen, dessen affines Bild die Ellipse sein kann. Besonders günstig ist (Fig. 40) der mit der Durchmessersehne $A_1B_1 \equiv AB$; er ist der Ellipse zugeordnet in der Affinität, deren Achse die Gerade $AB \equiv A_1B_1$ ist und in der den Punkten C, D die Endpunkte der zu A_1B_1 senkrechten Durchmessersehne C_1D_1 des Kreises entsprechen.

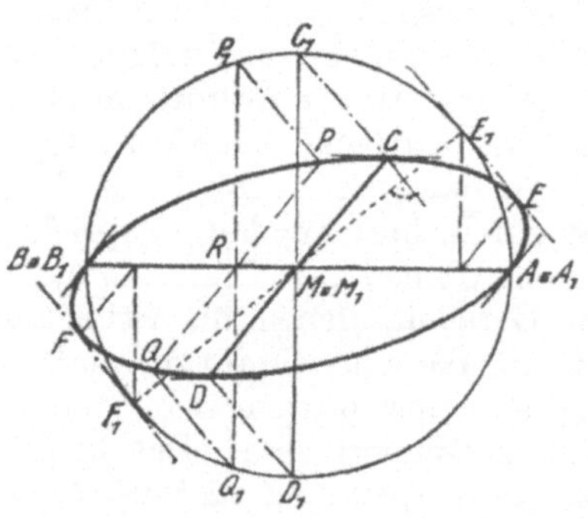

Fig. 40.

Errichten wir nun in einem beliebigen Punkt R von AB das Lot, das den Kreis in P_1, Q_1 schneidet, so erhalten wir die entsprechenden Punkte P, Q der Ellipse dadurch, daß PQ nach dem dritten Satz von Nr. 120 parallel zu CD durch R läuft und daß PP_1 und QQ_1 als Affinitätsstrahlen zu CC_1 und DD_1 parallel sind. In dieser Weise ergeben sich beliebig viele Punkte der Ellipse.

Von den Tangenten der Ellipse sind nach dem ersten Satz in Nr. 145 die zu A, B, C, D gehörigen bekannt. Außerdem sind noch zwei, dem Kreise und der Ellipse gemeinsame Tangenten von Bedeutung und können leicht aufgefunden werden. Der Kreis wird nämlich in den Endpunkten der Durchmessersehne E_1F_1, die auf den Affinitätsstrahlen senkrecht steht, von zwei Tangenten berührt, die selbst Affinitätsstrahlen sind und als solche mit den ihnen zugeordneten Tangenten der Ellipse zusammenfallen. Ihre Berührungspunkte E und F an der Ellipse folgen, wie oben geschildert, aus E_1 und F_1.

In dieser Weise gelangen wir zu einer — mit der in Nr. 169 angegebenen Einschränkung — sehr brauchbaren *Konstruktion der Ellipse aus zwei konjugierten Durchmessersehnen:*

Man schlägt den Kreis mit der Durchmessersehne AB und zieht in ihm den zu AB senkrechten Durchmesser C_1D_1, sowie den zu CC_1 und DD_1 senkrechten Durchmesser E_1F_1. Darauf legt man in den Kreis eine Anzahl zu AB senkrechter Sehnen derart, daß ihre Endpunkte, unter die auch E_1 und F_1 aufzunehmen sind, sich ungefähr gleichmäßig über den Kreis verteilen. Endlich zieht man durch die auf AB liegenden Mittelpunkte dieser Sehnen die Parallelen zu CD und durch ihre Endpunkte die Parallelen zu CC_1 und DD_1. Dann besitzt man in den Schnittpunkten zwischen den immer zu derselben Sehne gehörigen Geraden eine Anzahl von Punkten der Ellipse, zu denen noch die Tangenten in A, B, C, D und den aus E_1, F_1 folgenden Punkten E, F treten.

Das affine Bild der Ellipse.

152. Wir können jetzt auch zeigen, was sich ergibt, wenn wir die Kurve konstruieren, die einer Ellipse in irgendeiner Affinität zugeordnet ist. Die Ellipse k denken wir uns bestimmt durch ein beliebiges Paar konjugierter Durchmessersehnen AB, CD und nach Nr. 151 abgeleitet aus dem Kreis k_1, der AB zur Durchmessersehne hat. Die Affinität, die den Punkten A, B usw. die Punkte $\bar{A}$, $\bar{B}$ usw. zuordnen möge, führt k über in die zu untersuchende Kurve $\bar{k}$ und k_1 in eine Ellipse $\bar{k}_1$, für die $\bar{A}\,\bar{B}$ und $\bar{C}_1\,\bar{D}_1$ konjugierte Durchmessersehnen sind. Dabei entspricht dem Dreieck $R\,P_1\,P$ (vgl. Fig. 40), durch das ein Punkt P von k aus einem Punkt P_1 von k_1 folgt, das Dreieck $\bar{R}\,\bar{P}_1\bar{P}$, in dem $\bar{R}\,\bar{P}_1 \parallel \bar{M}\,\bar{C}_1$, $\bar{R}\,\bar{P} \parallel \bar{M}\,\bar{C}$, $\bar{P}_1\,\bar{P} \parallel \bar{C}_1\bar{C}$ ist. Also hängt

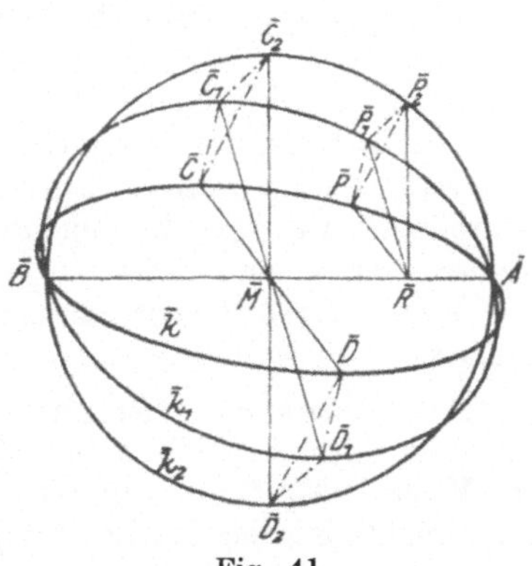

Fig. 41.

— wie Fig. 41 zeigt, in der die ursprüngliche Ellipse k und der Kreis k_1 fortgelassen worden sind — $\bar{P}$ von $\bar{P}_1$ in ganz ähnlicher Weise ab wie P von P_1.

Die Ellipse $\bar{k}_1$ nun kann wiederum nach Nr. 151 aus einem Kreis k_2 abgeleitet werden, der $\bar{A}\,\bar{B}$ zur Durchmessersehne hat. Dabei folgt $\bar{P}_1$ aus einem Punkt $\bar{P}_2$ von $\bar{k}_2$, der so liegt, daß $\bar{R}\,\bar{P}_2 \perp \bar{A}\,\bar{B}$ oder $\bar{R}\,\bar{P}_2 \parallel \bar{M}\,\bar{C}_2$ und $\bar{P}_2\,\bar{P}_1 \parallel \bar{C}_2\bar{C}_1$ ist. Es haben also sowohl die Dreiecke $\bar{R}\,\bar{P}\,\bar{P}_1$ und $\bar{M}\,\bar{C}\,\bar{C}_1$ als auch die Dreiecke $\bar{R}\,\bar{P}_1\,\bar{P}_2$ und $\bar{M}\,\bar{C}_1\bar{C}_2$ paarweise parallele Seiten und sind deshalb ähnlich. Hieraus folgt sofort, daß auch die Dreiecke $\bar{R}\,\bar{P}\,\bar{P}_2$ und $\bar{M}\,\bar{C}\,\bar{C}_2$ ähnlich sind und daß in ihnen auch die dritten Seiten, $\bar{P}_2\,\bar{P}$ und $\bar{C}_2\bar{C}$, parallel laufen.

Die Dreiecke $\bar{R}\,\bar{P}\,\bar{P}_2$ und $\bar{M}\,\bar{C}\,\bar{C}_2$ zeigen nunmehr, daß $\bar{P}$ unmittelbar aus $\bar{P}_2$ in genau derselben Weise konstruiert werden kann, wie nach der Vorschrift von Nr. 151 ein Punkt der Ellipse, die durch das Paar konjugierter Durchmessersehnen $\bar{A}\bar{B}$, $\bar{C}\bar{D}$ bestimmt ist. Also hat diese Ellipse mit der Kurve $\bar{k}$ den Punkt $\bar{P}$ und ebenso alle anderen Punkte gemeinsam; sie ist die Kurve $\bar{k}$. Wir beachten dabei noch, daß wir von einem beliebig gewählten Paar konjugierter Durchmessersehnen AB, CD der Ellipse k ausgegangen sind und aus ihm durch die Affinität ein Paar konjugierter Durchmessersehnen $\bar{A}\bar{B}$, $\bar{C}\bar{D}$ von $\bar{k}$ erhalten haben. Dadurch finden wir den Satz:

Das affine Bild einer Ellipse ist wiederum eine Ellipse. Dabei entspricht jedem Paar konjugierter Durchmessersehnen der ersten ein Paar konjugierter Durchmessersehnen der zweiten.

III. Die Ellipse: Die Achsen.

Symmetrieachsen und Scheitel.

153. Wenn eine Ellipse k als affines Bild eines Kreises k_1 entsteht, so gibt es, falls die Affinität keine Spiegelung ist, nach dem zweiten Satz von Nr. 134 gerade ein Paar von entsprechenden rechten Winkeln, deren Scheitel die Mittelpunkte M von k und M_1 von k_1 sind. Die Schenkel des rechten Winkels mit dem Scheitel M bilden ein Paar rechtwinkliger Durchmesser von k, die zwei rechtwinkligen Durchmessern von k_1 zugeordnet und deshalb konjugierte Durchmesser von k sind. Also folgt der Satz:

Jede Ellipse besitzt ein rechtwinkliges Paar konjugierter Durchmesser.

Eine Ausnahme tritt nur ein, wenn die Affinität eine Spiegelung ist und zu unendlich vielen Paaren entsprechender rechten Winkel in M und M_1 führt. In diesem Fall besitzt das affine Bild von k_1 nur rechtwinklige Paare konjugierter Durchmesser, ist aber nach Nr. 132 als Spiegelbild von k_1 ebenfalls ein Kreis. Wissen wir umgekehrt, daß das affine Bild des Kreises k_1 mehr wie ein rechtwinkliges Paar konjugierter Durchmesser hat, so folgt aus Nr. 144, daß die Punkte M und M_1 die Scheitel von mehr als einem Paar entsprechender rechten Winkel sind, und hieraus nach dem letzten Satz von Nr. 134, daß die Affinität eine Spiegelung ist. Deshalb ergibt sich der Satz:

Eine Ellipse, die mehr als ein rechtwinkliges Paar konjugierter Durchmesser besitzt, ist ein Kreis.

154. Ein Durchmesser s einer Ellipse, der auf seinem konjugierten Durchmesser senkrecht steht, trägt nach dem zweiten Satz von Nr. 145 die Mitten der zu s senkrechten Sehnen und teilt deshalb die Ellipse in zwei Bögen, von denen jeder nach Nr. 132 das Spiegelbild des anderen ist; das heißt: s ist Symmetrieachse der Ellipse. Hiernach fließt aus den Sätzen von Nr. 153 der folgende:

Eine Ellipse, die kein Kreis ist, besitzt gerade zwei Symmetrieachsen; diese bilden ihr rechtwinkliges Paar konjugierter Durchmesser.

Wir nennen die Symmetrieachsen kurz die *Achsen* der Ellipse und unterscheiden sie als ihre *Hauptachse* und als ihre *Nebenachse* so, daß auf der ersten eine größere Sehne der Ellipse liegt als auf der zweiten. Die Längen der beiden Sehnen nennen wir *die große Achse* und *die kleine Achse* der Ellipse und bezeichnen sie mit $2\,a$ und $2\,b$.

Zu einem Punkt P einer Ellipse gehören (Fig. 43) stets zwei Punkte $\mathfrak{P}$ und $\mathfrak{P}^*$ derselben derart, daß P und $\mathfrak{P}$ in bezug auf die Hauptachse, P und $\mathfrak{P}^*$ in bezug auf die Nebenachse symmetrisch liegen. Diese drei Punkte bestimmen ein Rechteck $P\mathfrak{P}\,P^*\mathfrak{P}^*$, dessen Mittelparallelen die Achsen der Ellipse sind; infolgedessen ist die vierte Ecke P^* gleichzeitig zu $\mathfrak{P}$ in bezug auf die Nebenachse und zu $\mathfrak{P}^*$ in bezug auf die Hauptachse symmetrisch und somit ebenfalls ein Punkt der Ellipse. Die Diagonalen PP^* und $\mathfrak{P}\,\mathfrak{P}^*$ sind zwei Durchmessersehnen, aber im allgemeinen nicht konjugiert. Wir merken uns den Satz:

Die Punkte einer Ellipse ordnen sich zu Gruppen von je vier symmetrischen Punkten. Jede Gruppe bestimmt ein Rechteck, dessen Diagonalen zwei Durchmessersehnen der Ellipse sind.

155. Wenn eine Kurve eine Symmetrieachse s besitzt und P, $\mathfrak{P}$ zwei in bezug auf s symmetrische Punkte der Kurve sind, so können wir die in P und $\mathfrak{P}$ berührenden Tangenten gleichzeitig bestimmen. Wählen wir nämlich auf der Kurve in der Nähe von P einen Punkt X und lassen ihn an P heranrücken, so nähert sich der zu ihm symmetrische Punkt $\mathfrak{X}$ auf der Kurve dem Punkte $\mathfrak{P}$ in der Weise, daß die beiden Geraden PX und $\mathfrak{P}\,\mathfrak{X}$ gleichzeitig ihre Grenzlagen erreichen; deshalb müssen die letzteren, d. h. die zu P und $\mathfrak{P}$ zugehörigen Tangenten, ebenso, wie PX und $\mathfrak{P}\,\mathfrak{X}$ es in jedem Augenblicke sind, zueinander in bezug auf s symmetrisch sein. Also gilt der Satz:

Besitzt eine Kurve eine Symmetrieachse, so liegen je zwei Tangenten, die zu symmetrischen Punkten gehören, ebenfalls symmetrisch.

Hiernach bilden die Tangenten, die eine Ellipse in den vier Punkten P, $\mathfrak{P}$, P^*, $\mathfrak{P}^*$ einer symmetrischen Gruppe (Fig. 43) berühren, Paare von Geraden, die je in bezug auf eine Achse symmetrisch liegen und sich auf ihr schneiden. Da ferner PP^* und $\mathfrak{P}\mathfrak{P}^*$ Durchmessersehnen sind, zerlegen sich nach dem dritten Satz von Nr. 143 die vier Tangenten in zwei Paare paralleler Geraden. Deshalb folgt der Satz:

Die Tangenten einer Ellipse, deren Berührungspunkte einer Gruppe von vier symmetrischen Punkten angehören, bilden einen Rhombus, dessen Diagonalen die Achsen der Ellipse sind.

156. Wenn eine Kurve eine Symmetrieachse s besitzt und sie in einem Punkt S schneidet, so lassen wir zwei symmetrische Punkte X und $\mathfrak{X}$ gleichzeitig auf der Kurve nach S rücken. Dabei nähern sich die Geraden SX und $S\mathfrak{X}$ gleichzeitig der in S berührenden Tangente, indem sie in jedem Augenblick zueinander in bezug auf s symmetrisch sind. Deshalb kann die Tangente des Punktes S nur entweder mit s zusammenfallen oder auf s senkrecht stehen[1]). Im ersten Fall hat die Kurve, wie Fig. 42 zeigt, eine *Spitze*, also einen Ausnahmepunkt, der nur unter besonderen Umständen auftritt. Im zweiten Fall dagegen ist S ein gewöhnlicher Punkt der Kurve, der nur durch seine Lage auf der Symmetrieachse ausgezeichnet ist, und heißt ein *Scheitel* der Kurve; seine Tangente nennen wir *Scheiteltangente* und erhalten den Satz:

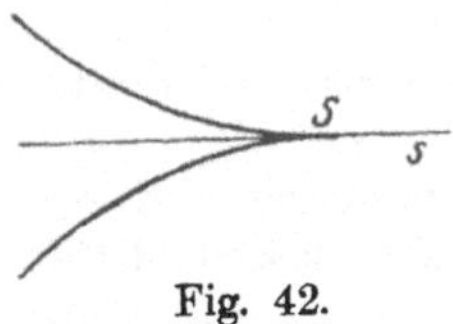

Fig. 42.

Eine Kurve besitzt in einem Scheitel eine zur Symmetrieachse senkrechte Scheiteltangente.

Die Ellipse hat zwei Symmetrieachsen und trifft jede von ihnen in zwei Punkten, deren Tangenten im Einklang mit den ersten Sätzen von Nr. 145 und Nr. 154 jeweils zu der anderen Achse parallel sind. Also folgt:

Jede Ellipse besitzt vier Scheitel und vier, ein Rechteck bildende Scheiteltangenten.

Die Kreise über der großen und der kleinen Achse.

157. Auf Grund desselben Gedankenganges wie in Nr. 151 können wir eine Ellipse k auffassen als das affine Bild sowohl des Kreises k_1, der ihre große Achse, als auch des Kreises k_2, der ihre kleine Achse zur Durchmessersehne hat. Ist in Fig. 43 M der Mittelpunkt, A ein Scheitel der großen und B ein Scheitel der kleinen Achse von k, so hat k_1 den Halbmesser $a = MA$ und k_2 den Halbmesser $b = MB$. Trifft k_1 die über B hinaus gezogene Verlängerung von MB in B_1 und k_2 die Strecke MA in A_2, so wird die zwischen k_1 und k bestehende Affinität durch die Achse MA und das Punktepaar B_1, B und die zwischen k_2 und k bestehende Affinität durch die Achse MB und das Punktepaar A_2, A bestimmt. Beide Affinitäten versagen für die in Nr. 151 angegebene Konstruktion, weil bei ihnen die Affinitätsstrahlen

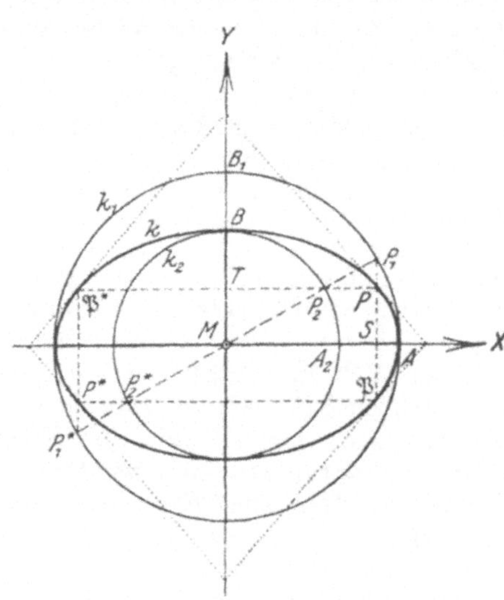

Fig. 43.

zur Affinitätsachse senkrecht stehen; aber sie liefern zusammen eine sehr gute Konstruktion der Ellipse aus ihren Achsen.

---

[1]) Hierbei ist vorausgesetzt, daß S kein *Knick* oder *Knoten* (Nr. 141) der

Schneidet nämlich ein Halbmesser MP_1 von k_1 den Kreis k_2 in P_2 und fällen wir das Lot P_1S auf MA und das Lot P_2T auf MB, so treffen sich diese Geraden in einem Punkt P derart, daß

$$SP_1 : SP = MP_1 : MP_2, \quad TP_2 : TP = MP_2 : MP_1$$

oder

(1) $$SP_1 : SP = a : b \,,$$

(2) $$TP_2 : TP = b : a \,.$$

Dem Punkt P_1 entspricht in der ersten Affinität ein Punkt P_0 der Ellipse k; er liegt auf dem Affinitätsstrahl SP_1 und zwar nach Nr. 131 so, daß

$$SP_1 : SP_0 = MB_1 : MB = a : b$$

ist. Der Vergleich mit der Gleichung (1) lehrt, daß der Punkt P mit P_0 zusammenfällt und somit ein Punkt von k ist. In derselben Weise zeigt die Gleichung (2), daß P in der zweiten Affinität dem Punkt P_2 zugeordnet ist. Hierdurch erhalten wir den Satz:

Sind M der Mittelpunkt, A der eine Scheitel der großen, B der eine Scheitel der kleinen Achse einer Ellipse und trifft eine von M ausgehende Halbgerade die um M mit den Halbmessern MA und MB geschlagenen Kreise in den Punkten P_1 und P_2, so ist der Schnittpunkt P der beiden Geraden, die durch P_1 parallel zu MB und durch P_2 parallel zu MA laufen, ein Punkt der Ellipse.

158. Verlängern wir (Fig. 43) die Gerade MP_2P_1 über M hinaus, so trifft sie die Kreise k_1 und k_2 in den Punkten P_1^* und P_2^*, aus denen wieder ein Punkt P^* der Ellipse k folgt. Die Geraden PP_2, $P^*P_2^*$ sind zueinander in bezug auf MA und die Geraden PP_1, $P^*P_1^*$ in bezug auf MB symmetrisch; also bilden diese vier Geraden ein Rechteck $P\mathfrak{P}\,P^*\mathfrak{P}^*$, dessen Ecken nach Nr. 154 eine Gruppe von vier symmetrischen Punkten der Ellipse sind. Hieraus fließt die folgende Konstruktionsvorschrift:

Sind der Mittelpunkt M, der eine Scheitel A der großen und der eine Scheitel B der kleinen Achse einer Ellipse gegeben, so schlage man um M den Kreis k_1 mit dem Halbmesser MA und den Kreis k_2 mit dem Halbmesser MB, lege durch M eine Gerade, die k_1 in P_1 und P_1^*, k_2 in P_2 und P_2^* trifft, und ziehe durch P_1 und P_1^* die Parallelen zu MB, durch P_2 und P_2^* die Parallelen zu MA. Dann sind die Eckpunkte des entstandenen Rechtecks vier symmetrische Punkte der Ellipse.

Die vier Punkte P, $\mathfrak{P}$, P^*, $\mathfrak{P}^*$ liegen stets in dem von k_1 und k_2 begrenzten Kreisring. Sie fallen nur dann auf k_1 selbst, wenn sich P und $\mathfrak{P}$ in dem einen und P^* und $\mathfrak{P}^*$ in dem anderen Scheitel der großen Achse vereinigen, und nur dann auf k_2 selbst, wenn sich P und $\mathfrak{P}^*$ in dem einen und P^* und $\mathfrak{P}$ in dem anderen Scheitel der kleinen Achse vereinigen. Deshalb sind die Durchmessersehnen PP^* und $\mathfrak{P}\,\mathfrak{P}^*$ höchstens gleich der Durchmessersehne von k_1 und mindestens gleich der Durchmessersehne von k_2. Das heißt:

Von allen Durchmessern einer Ellipse trägt die Hauptachse die größte und die Nebenachse die kleinste Sehne.

Die Gleichung der Ellipse.

159. Die Formeln (1) und (2) besagen, daß die Ellipse k aus den Kreisen k_1 und k_2 dadurch hervorgeht, daß eine Schar paralleler Sehnen von ihren Mitten aus nach beiden Seiten im Verhältnis $b : a$ verkürzt oder im Verhältnis $a : b$ verlängert werden. Wir können diese Vorgänge *eine affine Zusammendrückung und eine affine Dehnung eines Kreises* nennen. Führen wir in Fig. 43 ein rechtwinkliges Koordinatensystem mit der x-Achse MA und der y-Achse MB ein, so bestehen für die Koordinaten x_1, y_1 von P_1, x_2, y_2 von P_2 und x, y von P auf Grund der Formeln (1) und (2) die Beziehungen:

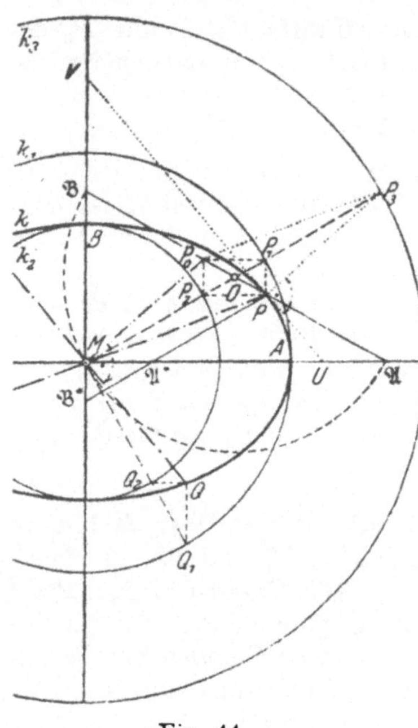
Fig. 44.

$$(3) \quad \begin{cases} x_1 = x, \quad y_1 = \dfrac{a}{b}\, y; \\[2mm] x_2 = \dfrac{b}{a}\, x, \quad y_2 = y, \end{cases}$$

und zwar einschließlich der Vorzeichen, auch wenn die Punkte P_1, P_2, P in einem anderen Winkelraum der Achsen liegen als in Fig. 43. Die Formeln (3) sind der analytische Ausdruck der affinen Zusammendrückung bzw. Dehnung und gestatten es, die Gleichung der Ellipse k aus derjenigen des Kreises k_1 oder des Kreises k_2 abzuleiten. Da nämlich P_1 ein Punkt von k_1 und P_2 ein Punkt von k_2 ist, haben wir

$$x_1^2 + y_1^2 = a^2 \qquad x_2^2 + y_2^2 = b^2$$

und erhalten sowohl, wenn wir in der ersten Gleichung für x_1, y_1, als auch, wenn wir in der zweiten Gleichung für x_2, y_2 auf Grund von (3) ihre in x, y ausgedrückten Werte einführen, die Gleichung

$$(4) \qquad \frac{x^2}{a^2} + \frac{y^2}{b^2} = 1.$$

Da dieselbe durch die Koordinaten aller Punkte der Ellipse erfüllt werden muß, folgt:

Die Ellipse, die wir als affines Bild des Kreises eingeführt haben, besitzt die Gleichung (4) und somit alle mit dieser verbundenen Eigenschaften.

Hierzu gehören insbesondere die *Brennpunktseigenschaften* der Ellipse; jedoch brauchen wir auf sie nicht einzugehen, da sie — trotz ihrer sonstigen Wichtigkeit — für die Aufgaben der darstellenden Geometrie nur eine geringe Bedeutung besitzen.

Konstruktion der Tangenten und Normalen.

160. Wir wiederholen in Fig. 44 einen Teil von Fig. 43 und ziehen den einen zu MP_1 senkrechten Halbmesser MQ_1 des Kreises k_1. Trifft MQ_1 den Kreis k_2 in Q_2, so folgt aus Q_1 und Q_2 nach Nr. 157 ein Punkt Q der Ellipse k. Die Strecken MP und MQ entsprechen in der Affinität zwischen k und k_1 den beiden rechtwinkligen Halbmessern MP_1 und MQ_1 von k_1 und ebenso in der Affinität zwischen k und k_2 den beiden rechtwinkligen Halbmessern MP_2 und MQ_2 von k_2. Sie gehören also konjugierten Durchmessern von k an und mögen kurz als *konjugierte Halbmesser* bezeichnet werden. Schneidet die in P berührende Tangente von k die Achsen in U und V, so ist nach dem ersten Satz von Nr. 145

$$UV \parallel MQ.$$

Nunmehr drehen wir die durch M, Q, Q_1, Q_2 bestimmte Figur, indem wir sie sich selbst kongruent bleiben lassen, um M, bis Q_1 nach P_1 und Q_2 nach P_2 fällt; ist P_0 die neue Lage von Q, so ist

$$MP_0 = MQ.$$

Da $MP_1 \perp MQ_1$ ist, beträgt der Drehungswinkel $90°$; infolgedessen steht jede Strecke der neuen Lage $MP_0P_1P_2$ der Figur auf ihrer alten Lage senkrecht, so daß $MP_0 \perp MQ$, $P_0P_1 \perp QQ_1$, $P_0P_2 \perp QQ_2$ oder

$$MP_0 \perp UV, \qquad P_0P_1 \perp PP_1, \qquad P_0P_2 \perp PP_2$$

sein muß. Deshalb ist das Viereck $PP_1P_0P_2$ ein Rechteck und, wenn O sein Diagonalenschnittpunkt ist,

$$(5) \qquad\qquad OP = OP_0 = OP_1 = OP_2.$$

Wenn wir nun auf der über P_1 hinaus gezogenen Verlängerung von MP_1 den Punkt P_3 im Abstande $OP_3 = MO$ eintragen, so hat das Viereck MPP_3P_0 sich hälftende Diagonalen und ist somit ein Parallelogramm. Also ist

$$PP_3 \parallel MP_0 \quad \text{und} \quad PP_3 \perp UV;$$

PP_3 ist das Lot, das im Punkt P auf der dort berührenden Tangente der Ellipse k errichtet ist, d. h. die zu P gehörige *Normale*.

Da nun $P_1P_3 = OP_3 - OP_1 = MO - OP_2 = MP_2$ und somit $MP_3 = MP_1 + MP_2 = a + b = MA + MB$ ist, liegt P_3 auf dem Kreise k_3, dessen Mittelpunkt M und dessen Halbmesser gleich $MA + MB$ ist. Deshalb gilt der folgende Satz, der zugleich die Konstruktionsvorschrift von Nr. 158 vervollständigt:

Schneidet man in der Figur des Satzes von Nr. 157 die Halbgerade MP_1 im Punkt P_3 noch mit dem Kreise, der um M mit dem Halbmesser $MA + MB$ geschlagen wird, so ist die Gerade PP_3 die zu P gehörige Normale und das auf ihr in P errichtete Lot die zu P gehörige Tangente der Ellipse. Aus dieser Tangente bestimmt man auf Grund des zweiten Satzes von Nr. 155 die Tangenten, deren Berührungspunkte nach der Vorschrift von Nr. 158 zugleich mit P gefunden werden.

Konstruktion der Achsen aus zwei konjugierten Durchmessersehnen.

161. Wir verlängern in Fig. 44 die Strecke PP_0 bis zu ihren Schnittpunkten $\mathfrak{A}$ und $\mathfrak{B}$ mit den Achsen der Ellipse k und erhalten, da

$$P_0P_1 \parallel PP_2 \parallel \mathfrak{A}M \quad \text{und} \quad PP_1 \parallel P_0P_2 \parallel \mathfrak{B}M$$

ist, die Verhältnisgleichungen

$$O\mathfrak{A} : OM : O\mathfrak{B} = OP : OP_2 : OP_0 ,$$

$$P\mathfrak{A} : P_2M = OP : OP_2 , \qquad P\mathfrak{B} : P_1M = OP : OP_1 .$$

Hieraus folgen mit Hilfe der Gleichungen (5) und, weil $P_2M = b$, $P_1M = a$ ist, die Gleichungen

$$(6) \qquad\qquad O\mathfrak{A} = OM = O\mathfrak{B} ,$$

$$(7) \qquad\qquad P\mathfrak{A} = b , \qquad P\mathfrak{B} = a .$$

Wenn nun von der Ellipse nur die beiden konjugierten Halbmesser MP und MQ gegeben sind, so können wir zuerst, weil $MP_0 \perp MQ$ und $MP_0 = MQ$ ist, den Punkt P_0 — mit $\sphericalangle PMP_0 < 90°$ [1]) — konstruieren, darauf den Punkt O als Mittelpunkt der Strecke PP_0 und endlich wegen der Gleichungen (6) die Punkte $\mathfrak{A}$ und $\mathfrak{B}$ als Schnittpunkte der Geraden PP_0 mit dem Kreise, der um O mit dem Halbmesser OM zu schlagen ist. Wenn dabei $\mathfrak{A}$ auf der Seite von P, $\mathfrak{B}$ auf der Seite von P_0 liegen, liefern $M\mathfrak{A}$ die Hauptachse, $M\mathfrak{B}$ die Nebenachse und auf Grund der Gleichungen (7) $P\mathfrak{B}$ die halbe Länge der großen, $P\mathfrak{A}$ die halbe Länge der kleinen Achse der Ellipse. Wir merken uns deshalb die folgende Vorschrift:

Um aus zwei konjugierten Halbmessern MP, MQ die Achsen der zugehörigen Ellipse zu konstruieren, macht man $MP_0 \perp MQ$, sowie $MP_0 = MQ$ und hälftet PP_0 in O. Dann schneidet man den um O mit dem Halbmesser OM gelegten Kreis mit der Geraden PP_0 in $\mathfrak{A}$ (auf der Seite von P) und in $\mathfrak{B}$ (auf der Seite von P_0) und erhält durch die Gerade $M\mathfrak{A}$ die Hauptachse, durch die Gerade $M\mathfrak{B}$ die Nebenachse, durch die Strecke $P\mathfrak{B}$ die halbe Länge der großen Achse und durch die Strecke $P\mathfrak{A}$ die halbe Länge der kleinen Achse der Ellipse.

---

[1]) Diese Einschränkung folgt aus der Anordnung unserer Figur; aber auch der Fall, daß $\sphericalangle PMP_0 > 90°$, führt zu demselben Ergebnis.

162. Die Gleichungen (7) lehren, daß durch jeden Punkt P der Ellipse eine Gerade geht, die die Achsen in zwei Punkten $\mathfrak{A}$ und $\mathfrak{B}$ so schneidet, daß

$$P\mathfrak{A} = b\,, \qquad P\mathfrak{B} = a\,, \qquad \mathfrak{A}\mathfrak{B} = a + b$$

ist. Deshalb ist die Ellipse die Bahn des Punktes P, wenn die durch ihn unveränderlich in die Teile $P\mathfrak{A} = b$, $P\mathfrak{B} = a$ geteilte Strecke $\mathfrak{A}\mathfrak{B}$ sich so bewegt, daß $\mathfrak{A}$ auf der Hauptachse und $\mathfrak{B}$ auf der Nebenachse läuft.

Ziehen wir in Fig. 44 durch P die Parallele zu MO und schneiden sie mit MA in $\mathfrak{A}^*$, mit MB in $\mathfrak{B}^*$, so folgt aus den Parallelogrammen $MP_1P\mathfrak{B}^*$ und $MP_2P\mathfrak{A}^*$, daß

$$P\mathfrak{B}^* = P_1M = a\,, \quad P\mathfrak{A}^* = P_2M = b\,, \quad \mathfrak{A}^*\mathfrak{B}^* = a - b$$

ist. In derselben Weise wie soeben ergibt sich hieraus, daß die Ellipse auch die Bahn des Punktes P ist, wenn die Strecke $\mathfrak{A}^*\mathfrak{B}^* = P\mathfrak{B}^* - P\mathfrak{A}^*$ $= a - b$ sich so bewegt, daß $\mathfrak{A}^*$ auf der Hauptachse und $\mathfrak{B}^*$ auf der Nebenachse läuft.

Beide Beobachtungen können wir in einen Satz zusammenfassen:

Läßt man die Endpunkte $\mathfrak{A}$ und $\mathfrak{B}$ einer Strecke von fester Länge sich auf zwei rechtwinkligen Geraden bewegen, so beschreibt jeder Punkt P der Geraden $\mathfrak{A}\mathfrak{B}$ eine Ellipse, deren Achsen jene beiden Geraden sind und deren Achsenlängen doppelt so groß wie $P\mathfrak{A}$ und $P\mathfrak{B}$ sind.

163. Auf Grund dieses Satzes kann man sich mit Hilfe eines geradlinig abgeschnittenen Papierstreifens beliebig viele Punkte einer Ellipse verschaffen, deren Achsen einschließlich ihrer Längen bekannt sind; wir können dieses Verfahren als die *Papierstreifenkonstruktion der Ellipse* bezeichnen. Auch beruhen auf ihm verschiedene brauchbare *Ellipsenzeichner*, die die Ellipse mechanisch herzustellen erlauben. Außerdem erweist er sich als nützlich dadurch, daß aus ihm die folgende Vorschrift fließt:

Aus dem Mittelpunkt M, einem Scheitel S und einem beliebigen Punkt P einer Ellipse findet man die Länge der von MS verschiedenen Halbachse folgendermaßen: Man schlägt um P mit der Strecke MS als Halbmesser den Kreis, schneidet ihn mit der Geraden, die durch M senkrecht zu MS läuft, verbindet P mit dem einen der erhaltenen beiden Schnittpunkte und zieht die Verbindungsgerade bis zu ihrem Treffpunkt Q mit der Geraden MS; die Strecke PQ ist die gesuchte Länge.

In der Tat muß bei einer Ellipse, für die M, S und P die angegebenen Bedeutungen haben, MS die eine und die durch M zu MS gezogene Senkrechte die zweite Achse sein und nach unserem Satze sich durch P — in zwei Weisen — eine Gerade legen lassen, auf der zwischen P und der zweiten Achse eine Strecke von der Länge MS und zwischen P und der Achse MS eine Strecke MQ von der gesuchten Halbachsenlänge enthalten ist.

Die Krümmungskreise.

164. Den Begriff der *Krümmung* einer Kurve erfassen wir zunächst rein anschauungsmäßig; wir erkennen, daß jeder Kreis an allen Stellen seines Umfanges gleich stark gekrümmt ist und daß bei jeder anderen Kurve der Grad der Krümmung sich von Punkt zu Punkt ändert. Ferner beobachten wir, daß wir allen Kreisen mit gleichen Halbmessern dieselbe und von zwei Kreisen mit verschiedenen Halbmessern dem die stärkere Krümmung zuschreiben müssen, der den kleineren Halbmesser hat. Deshalb können wir die Krümmung, die eine Kurve in einem Punkt P besitzt, dadurch messen, daß wir sie mit der Krümmung eines Kreises vergleichen.

Zu diesem Zweck legen wir auf die Kurve in der Nähe von P zwei Punkte X, Y und konstruieren den Kreis, der durch P, X, Y hindurchgeht. Er wird sich in der Umgebung von P um so weniger von der Kurve unterscheiden, je kleiner die Bögen zwischen den Punkten P, X, Y sind; somit wird seine Krümmung mit derjenigen der Kurve in P um so besser übereinstimmen, je näher X und Y an P heranrücken. Lassen wir nun die Punkte X und Y sich in irgendeiner Weise dem festen Punkt P unbegrenzt nähern, so ändert sich der Kreis sowohl der Lage als auch der Größe nach; wenn er dabei einer bestimmten Grenzlage zustrebt, so nennen wir diese *den Krümmungskreis der Kurve in P*. Aber den Vorgang der Annäherung von X und Y an den Punkt P können wir ganz verschieden regeln und müssen der Anwendung der höheren Analysis auf die Geometrie den Nachweis dafür überlassen, daß sich — außer in gewissen Sonderfällen — stets der gleiche Krümmungskreis ergibt.

165. Wir wollen nun die Annäherung von X und Y an den Punkt P folgendermaßen vornehmen: Wir lassen, nachdem wir für eine beliebige Lage von X und Y den durch P, X, Y gehenden Kreis gezeichnet haben, zuerst den Punkt X auf der Kurve an P heranrücken und halten Y fest. Dabei nähert sich der Kreis einem Kreise $\mathfrak{k}$, der seine Grenzlage für die Vereinigung von X mit P ist, und zugleich macht PX den Grenzübergang durch, der nach Nr. 141 zur Tangente der Kurve in P führt. Verfolgen wir aber während des Grenzüberganges auch die Veränderungen in der gegenseitigen Lage der Geraden PX und des Kreises, so erkennen wir, daß trotz der Veränderlichkeit des Kreises schließlich PX sich mit der ihn in P berührenden Tangente vereinigen muß. Folglich haben die Kurve und der Kreis $\mathfrak{k}$ in P dieselbe Tangente; d. h. sie berühren sich. — Erst jetzt lassen wir auch den Punkt Y auf der Kurve sich dem Punkt P unbegrenzt nähern und erhalten dadurch eine Grenzlage des Kreises $\mathfrak{k}$, die der gesuchte Krümmungskreis ist. Deshalb können wir ohne weiteres von einem Kreise ausgehen, der sich wie $\mathfrak{k}$ zu der Kurve verhält, und in folgender Weise verfahren:

Um den Krümmungskreis einer Kurve in einem Punkt P zu bestimmen, wählen wir auf der Kurve in der Nähe von P einen Punkt Y, *zeichnen den Kreis* $\mathfrak{k}$*, der in P die Kurve berührt und durch Y geht, und suchen die Grenzlage auf, der dieser Kreis bei unbegrenzter Annäherung von Y an P zustrebt.*

166. Der Kreis $\mathfrak{k}$ hat (Fig. 45) seinen Mittelpunkt auf der zu P gehörigen Normale n der Kurve und schneidet infolgedessen in n eine Durchmessersehne PH ein. Legen wir durch Y die Parallele zu n, so trifft sie den Kreis $\mathfrak{k}$ in einem zweiten Punkt Z und die zu P gehörige Tangente in N. Wenn sich Y auf der Kurve nach P bewegt, ändert sich $\mathfrak{k}$ so, daß stets eine Durchmessersehne PH auf n liegt; zugleich rückt die Sehne YZ immer näher an n und somit Z immer näher an H heran, während N auf der Tangente nach P hin läuft. Deshalb gehen in dem Augenblick, in dem Y sich mit P vereinigt und $\mathfrak{k}$ zum Krümmungskreis wird, die Strecke NZ ebenso wie die Strecke PH in die auf n liegende Durchmessersehne des Krümmungskreises über und nehmen deren Länge $2\,\mathfrak{r}$ an. Also ist, wenn wir den Grenzwert (*limes*), den eine Größe w bei der Vereinigung von Y und P annimmt, mit *lim w* bezeichnen, $2\,\mathfrak{r} = lim\,NZ$ und der *Krümmungshalbmesser*

$$\mathfrak{r} = \tfrac{1}{2}\,lim\,NZ\,.$$

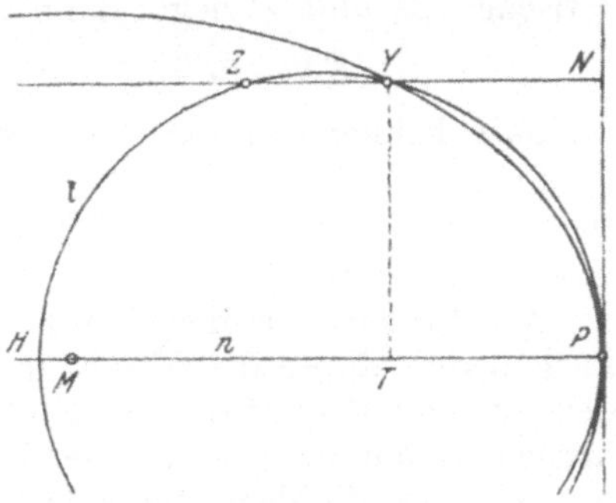

Der Satz von der Potenz, die ein Punkt in bezug auf einen Kreis besitzt, liefert, auf N und $\mathfrak{k}$ angewendet, die Gleichung

Fig. 45.

$$NY \cdot NZ = \overline{NP}^2 \qquad \text{oder} \qquad NZ = \frac{\overline{NP}^2}{NY}$$

Wenn wir nun Y auf der Kurve an P heranbewegen, bleibt diese Gleichung bestehen, während ihre beiden Seiten ihren Wert ändern. Deshalb ist

$$lim\,NZ = lim\,\frac{\overline{NP}^2}{NY}$$

und

$$(8) \qquad \mathfrak{r} = \tfrac{1}{2}\,lim\,\frac{\overline{NP}^2}{NY}$$

Also ergibt sich der Satz:

Der Krümmungshalbmesser $\mathfrak{r}$, den eine Kurve in einem Punkt P besitzt, wird durch die Gleichung (8) gegeben, wenn Y ein Punkt der Kurve nahe bei P und NY der senkrechte Abstand zwischen Y und der zu P gehörigen Tangente ist und wenn der Grenzwert für die Vereinigung von Y mit P bestimmt wird.

167. Wenn die Kurve eine Symmetrieachse besitzt und P ein auf dieser liegender Scheitel ist, so ist nach Nr. 156 die zu P gehörige Normale n diese Symmetrieachse und folglich der zu Y in bezug auf n symmetrische Punkt $\mathfrak{Y}$ ebenso wie Y ein Schnittpunkt zwischen der Kurve und dem Kreise $\mathfrak{k}$. Nähert sich nun Y dem Scheitel P von der einen Seite, so tut $\mathfrak{Y}$ dasselbe von der anderen Seite her; also vereinigen sich beim Übergange zu dem Krümmungskreise von P nicht nur die drei gemeinsamen Punkte P, X, Y der Kurve und des Kreises $\mathfrak{k}$, sondern es tritt noch $\mathfrak{Y}$ als vierter hinzu. Deshalb wird dieser *Scheitelkrümmungskreis* sich der Kurve besonders eng anschmiegen.

Ist nun in Fig. 45 P ein Scheitel und M der Mittelpunkt einer Ellipse $\mathfrak{k}$, so ist die Gerade MP die eine Symmetrieachse und zugleich die zu P gehörige Normale n. Den Punkt Y wählen wir bereits so nahe an P, daß der Fußpunkt T des Lotes, das wir aus Y auf n fällen, zwischen M und P liegt; dann ist, weil $PNYT$ ein Rechteck ist,

$$PN = TY, \qquad NY = PT = MP - MT$$

Deshalb können wir die Gleichung (8) ersetzen durch

$$(9) \qquad \mathfrak{r} = \tfrac{1}{2}\, lim\, \frac{\overline{TY}^2}{MP - MT}$$

Wir führen nun dasselbe Koordinatensystem wie in Nr. 159 ein, in dem die Ellipse die Gleichung (4) hat, und nehmen für P entweder den Scheitel A oder den Scheitel B von Fig. 43, um die zu ihnen gehörigen Krümmungshalbmesser $\mathfrak{r}_1$ und $\mathfrak{r}_2$ zu bestimmen. Dann können wir Y stets als einen Punkt mit positiven Koordinaten x, y wählen und erhalten:

Für $P = A$ ist einschließlich der Vorzeichen $MP = a$, $MT = x$, $TY = y$ und nach (4)

$$y^2 = \frac{b^2}{a^2}\,(a^2 - x^2);$$

also folgt aus (9)

$$\mathfrak{r}_1 = \tfrac{1}{2}\, lim\, \frac{y^2}{a - x} = \tfrac{1}{2}\, lim\, \frac{b^2}{a^2}\,(a + x)$$

oder, da bei der Vereinigung von Y und A $\,x = a$ wird,

$$(10) \qquad \mathfrak{r}_1 = \frac{b^2}{a}\,.$$

Für $P = B$ ist einschließlich der Vorzeichen $MP = b$, $MT = y$, $TY = x$ und nach (4)

$$x^2 = \frac{a^2}{b^2}\,(b^2 - y^2);$$

also folgt aus (9)

$$\mathfrak{r}_2 = \tfrac{1}{2}\, lim\, \frac{x^2}{b - y} = \tfrac{1}{2}\, lim\, \frac{a^2}{b^2}\,(b + y)$$

oder, da bei der Vereinigung von Y und B $y = b$ wird,

$$(11) \qquad \mathfrak{r}_2 = \frac{a^2}{b}\,.$$

168. Die Längen $\mathfrak{r}_1$ und $\mathfrak{r}_2$ können wir leicht herstellen: Wir vervollständigen (Fig. 46) das Dreieck AMB zu dem Rechteck $AMBC$, ziehen durch C die Senkrechte zu AB und schneiden sie mit MA in K_1 und mit der Verlängerung von MB in K_2. Dann sind die rechtwinkligen Dreiecke MAB, ACK_1, BK_2C ähnlich und führen zu den Gleichungen:

$$AK_1 : AC = MB : MA\,, \qquad BK_2 : BC = MA : MB$$

oder

$$AK_1 = \frac{MB \cdot AC}{MA} = \frac{b^2}{a} = \mathfrak{r}_1\,, \qquad BK_2 = \frac{MA \cdot BC}{MB} = \frac{a^2}{b} = \mathfrak{r}_2\,.$$

Also sind AK_1 und BK_2 die Halbmesser und K_1 und K_2 die Mittelpunkte der zu A und B gehörigen Krümmungskreise.

Genau dasselbe ergibt sich der Symmetrie wegen für die anderen beiden Scheitel der Ellipse. Deshalb erhalten wir den Satz:

Hat eine Ellipse die Achsenlängen $2a$ und $2b$ $(a > b)$, so sind die Krümmungshalbmesser für die Scheitel der großen Achse durch (10) und für die Scheitel der kleinen Achse durch (11) gegeben. Um die Mittelpunkte der Scheitelkrümmungskreise zu finden, vervollständigt man das Rechteck, das durch den Mittelpunkt und zwei nicht symmetrische Scheitel der Ellipse bestimmt ist, zieht durch seine vierte Ecke zu der Verbindungsgeraden der Scheitel die Senkrechte und schneidet diese mit den Achsen der Ellipse; die beiden Schnittpunkte und die zu ihnen symmetrischen Punkte sind die gesuchten Mittelpunkte.

Konstruktion der Ellipse aus ihren Achsen.

169. Wenn wir eine vollständige Ellipse gut zeichnen wollen, müssen wir die Gesetze ihrer Symmetrie wahren und von vornherein bei der Konstruktion der Punkte, die den Verlauf der Ellipse bestimmen, die Symmetrieachsen berücksichtigen. Deshalb sind die in Nr. 147 und in Nr. 151 angegebenen Verfahren nur für die Fälle zu empfehlen, in denen es sich lediglich um Stücke von Ellipsen handelt; für eine vollständige Ellipse dagegen werden wir, gegebenenfalls nach Nr. 161, die Achsen aufsuchen und die Konstruktionsvorschrift von Nr. 158 befolgen.

Besonders empfindlich ist das Auge für Störungen der Symmetrie in der Nähe der Scheitel. Zur Vermeidung solcher Unregelmäßigkeit ist das beste Mittel, die Ellipse auf ein kurzes Stück zu beiden Seiten eines Scheitels durch einen Kreisbogen zu ersetzen, dessen Mittelpunkt auf der zugehörigen Symmetrieachse liegt. Allerdings fällt, wenn wir mathematische, also dickelose Kurven ins Auge fassen, der

Kreis mit der Ellipse nur auf ein unendlich kurzes Stück zusammen. Aber wir erhalten bei der Benutzung eines jeden Zeichenwerkzeuges stets einen, wenn auch sehr schmalen, Streifen, innerhalb dessen die mathematische Kurve verlaufend gedacht werden muß, und diese Streifen decken sich bei dem Kreise und der Ellipse auf einem Stück von merklicher Länge. Auf Grund der Erwägungen, die zu der Einführung und Bestimmung der Krümmungskreise geführt haben, können wir erwarten, daß die Scheitelkrümmungskreise eine besonders gute Annäherung[1]) der Ellipse in der Umgebung ihrer Scheitel liefern, und benutzen sie zu diesem Zweck.

170. Durch diese Überlegungen kommen wir zu der folgenden, durch Fig. 46 erläuterten Konstruktionsvorschrift:

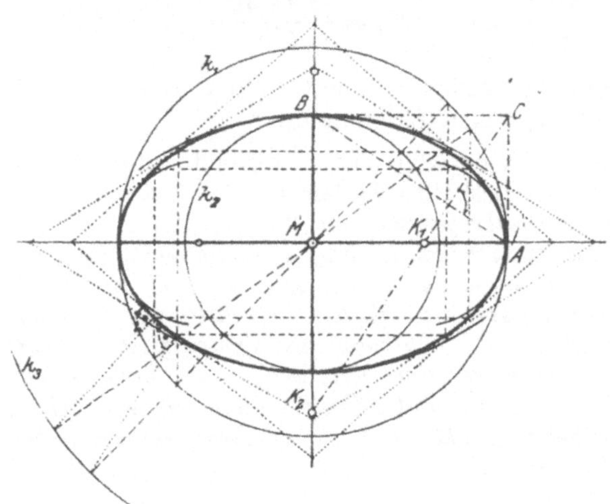

Fig 46.

Um eine vollständige Ellipse zu zeichnen, sucht man — wenn zwei konjugierte Durchmesser sehen bekannt sind, nach Nr. 161 — ihre Achsen und Scheitel auf, bestimmt nach Nr. 168 die Scheitelkrümmungskreise und stellt nach Nr. 158 und Nr. 160 so viele Gruppen von symmetrischen Punkten nebst den zugehörigen Tangenten her, als zu der Entscheidung darüber nötig sind, wie weit die Ellipse durch die Scheitelkrümmungskreise ersetzt werden darf und wie sie zwischen ihnen verläuft.

Nachdem wir die Punkte angemerkt haben, bis zu denen wir die Scheitelkrümmungskreise benutzen dürfen, ziehen wir die sie verbindenden Bögen der Ellipse zunächst mit dem Bleistift aus freier

---

[1]) Ein Versuch lehrt, daß eine noch bessere Annäherung erreicht wird durch Kreise, deren Halbmesser in den Scheiteln der großen Achse ein wenig größer als r_1 und in den Scheiteln der kleinen Achse ein wenig kleiner als r_2 sind. Ist d die Dicke des Striches, mit dem die Ellipse ausgezogen wird, so gibt es in jedem Scheitel einen Kreis größter Annäherung, für dessen Halbmesser r_1^* bzw. r_2^* sich durch eingehendere Untersuchung die Näherungsformeln

$$r_1^* = r_1 + \frac{b}{a}\sqrt{2\,d\,(a - r_1)}\,, \qquad r_2^* = r_2 - \frac{a}{b}\sqrt{2\,d\,(r_2 - b)}$$

(mit den positiven Werten der Quadratwurzeln) berechnen lassen.

Hand (vgl. Nr. 147). Dabei müssen wir darauf achten, daß die Krümmung der Ellipse (Nr. 164) von einem Scheitel der großen Achse bis zu einem benachbarten Scheitel der kleinen Achse allmählich, also ohne plötzlich auftretende Unregelmäßigkeiten, abnimmt. Für das Ausziehen mit Tusche bedienen wir uns an den Scheiteln des Zirkels und nehmen nur für die verbindenden Bögen das Kurvenlineal zu Hilfe.

IV. Die Risse des Kreises.

Risse ebener Kurven.

171. Wird eine ebene Kurve k durch Parallelstrahlen auf eine Rißtafel projiziert und mit ihrer Ebene in die Tafel umgelegt, so sind nach Nr. 127 ihr Riß $\bar{k}$ und der ihrer Umlegung $\bar{k}_0$ affine Figuren. Da k und $\bar{k}_0$ kongruent sind, stimmen die Eigenschaften, die vermöge der Parallelprojektion von k auf $\bar{k}$ übergehen, mit denen überein, die durch die Affinität von $\bar{k}_0$ auf $\bar{k}$ übertragen werden. Diese Eigenschaften sind nach den Sätzen von Nr. 119 und Nr. 120 *erstens* reine Lagebeziehungen, bei denen es darauf ankommt, daß gewisse Punkte auf gewissen Linien liegen, — und *zweitens* solche, für deren Ausdruck und Beweis außerdem noch nötig ist, daß gewisse Geraden parallel sind und Strecken von bestimmten Verhältnissen tragen. Um eine Eigenschaft der ersten Art handelt es sich, wie seine Ableitung zeigt, in dem letzten Satz von Nr. 142; wir erhalten aus ihm den folgenden Satz:

Bei Parallelprojektion ist der Riß einer Tangente einer ebenen Kurve stets eine Tangente der Bildkurve; dabei ist der Berührungspunkt der letztgenannten Tangente der Riß des Berührungspunktes der erstgenannten.

Eigenschaften der zweiten Art sind vor allem diejenigen des Kreises, aus denen wir die Eigenschaften der Durchmesser und insbesondere der konjugierten Durchmesser der Ellipse in Nr. 140, Nr. 143, Nr. 144, Nr. 145 abgeleitet haben. Infolgedessen gilt der Satz:

Bei Parallelprojektion ist der Riß eines Kreises eine Ellipse, für die jedes Paar konjugierter Durchmessersehnen sich als Bild eines Paares von rechtwinkligen Durchmessersehnen des Kreises ergibt.

Wie wir in Nr. 152 gezeigt haben, entspricht auch der Paarung der konjugierten Durchmesser einer Ellipse die gleichartige Paarung bei jeder Ellipse, die das affine Bild der ersten ist. Also dürfen wir jetzt sagen:

Bei Parallelprojektion ist der Riß einer Ellipse wiederum eine Ellipse; jedes Paar konjugierter Durchmessersehnen der ersten hat zum Riß ein ebensolches Paar der zweiten.

172. Die Eigenschaften einer ebenen Figur hingegen, zu deren Ausdruck und Beweis Winkel- und Streckengrößen und die Verhältnisse nicht paralleler Strecken — im wesentlichen also der Inhalt der

Kongruenz- und Ähnlichkeitssätze — gebraucht werden, übertragen sich auf eine affine Figur und folglich auch auf einen durch Parallelprojektion entstehenden Riß nur unter besonderen Umständen. So folgt aus der Gleichheit der Halbmesser eines Kreises nicht die Gleichheit sämtlicher Halbmesser der ihm affinen Ellipse. So gibt es nach Nr. 153 unter den Paaren rechtwinkliger Durchmesser eines Kreises nur ein einziges, das ein rechtwinkliges Paar konjugierter Durchmesser, das Achsenpaar, der affinen Ellipse liefert. So entspricht auch dem Achsenpaar einer Ellipse bei einer zu ihr affinen Ellipse im allgemeinen nicht das Achsenpaar, sondern ein anderes Paar konjugierter Durchmesser. Diese Bemerkung führt zu dem Satz:

Bei Parallelprojektion haben die Achsen einer Ellipse im allgemeinen nicht die Achsen, sondern ein anderes Paar konjugierter Durchmessersehnen der Bildellipse zu Rissen.

Die gefundenen Beziehungen zwischen einer ebenen Kurve k und ihrem Riß $\bar{k}$ hören auf, sobald die Ebene von k den Projektionsstrahlen parallel ist; denn in diesem Fall ist $\bar{k}$ nach Nr. 11 in der Spur der Ebene enthalten. Wenn dabei k ein Kreis oder eine Ellipse ist, so sind nach Nr. 143 zwei Projektionsstrahlen Tangenten; hieraus folgt der Satz:

Ist die Ebene eines Kreises oder einer Ellipse den Projektionsstrahlen parallel, so ergibt sich als Riß die Strecke, deren Endpunkte die Spurpunkte der beiden, zu den Projektionsstrahlen parallelen Tangenten sind.

Grund- und Aufriß des Kreises.

173. Bei rechtwinkliger Projektion lassen sich für die Bildellipse eines Kreises k sofort Lage und Länge ihrer Achsen bestimmen. Handelt es sich um den Grundriß, so nehmen wir die beiden rechtwinkligen Durchmessersehnen von k, die einer ersten Hauptlinie und einer ersten Fallinie der Ebene E des Kreises angehören. Ihre Grundrisse stehen nach Nr. 62 ebenfalls aufeinander senkrecht und sind deshalb nach Nr. 153 und Nr. 171 die Achsen der Grundrißellipse k'. Sie haben nach Nr. 47, wenn k den Radius r besitzt und ε_1 der Neigungswinkel der ersten Fallinie und somit auch der Ebene E gegen die Grundrißtafel ist, die Längen $2\,a = 2\,r$ und $2\,b = 2\,r \cos \varepsilon_1$. Da $a > b$ ist, liegt die Hauptachse von k' in dem Grundriß der ersten Hauptlinie und die Nebenachse in dem der ersten Fallinie. Das Entsprechende gilt für den Aufriß und für jeden durch rechtwinklige Projektion entstandenen Seitenriß; also dürfen wir sagen:

Bei rechtwinkliger Projektion ist der Riß eines Kreises eine Ellipse, deren Hauptachse zu den Rissen der Hauptlinien und deren Nebenachse zu den Rissen der Fallinien seiner Ebene gehört. Die halbe große Achse ist gleich dem Radius des Kreises und die halbe kleine Achse gleich dem Produkt des Radius in den Kosinus des Neigungswinkels, den die Ebene des Kreises gegen die Tafel bildet.

Ist E zur Grundrißtafel parallel, so ist auch $b = r$ und wird in Übereinstimmung mit Nr. 10 k' ein mit k kongruenter Kreis. Ist E zur Grundrißtafel senkrecht, so ist $b = 0$; also entartet in Übereinstimmung mit dem letzten Satz von Nr. 172 die Ellipse k' in ihre große Achse; das heißt:

Bei rechtwinkliger Projektion stimmt der Riß eines Kreises, dessen Ebene auf der Tafel senkrecht steht, überein mit dem Riß derjenigen Durchmessersehne, die zu der Tafel parallel ist.

174. Liegen zwei Kreise von den Halbmessern r_1 und r_2 in derselben Ebene oder in parallelen Ebenen, so haben nach dem ersten Satz von Nr. 173 ihre Grundrißellipsen parallele Hauptachsen und parallele Nebenachsen, weil die Grundrisse der ersten Hauptlinien der Ebenen einander parallel sind. Ferner sind, wenn ε_1 der Neigungswinkel der Ebenen gegen die Grundrißtafel ist, die Halbachsen der beiden Ellipsen

$$a_1 = r_1, \qquad b_1 = r_1 \cos\varepsilon_1; \qquad a_2 = r_2, \qquad b_2 = r_2 \cos\varepsilon_1,$$

woraus

$$\frac{b_1}{a_1} = \frac{b_2}{a_2} = \cos\varepsilon_1$$

folgt. Das heißt:

Bei rechtwinkliger Projektion stimmen die Bildellipsen von Kreisen, die in derselben Ebene oder in parallelen Ebenen liegen, überein in den Richtungen ihrer Achsen und in dem Werte für das Verhältnis der kleinen zu der großen Achse.

Sind die Kreise kongruent, so fließt aus $r_1 = r_2$, daß $a_1 = a_2$, $b_1 = b_2$, d. h. daß die Ellipsen kongruent sind. Hieraus folgt:

Bei rechtwinkliger Projektion entsteht von den Bildellipsen zweier kongruenten Kreise, deren Ebenen einander parallel sind, jede aus der anderen durch eine Schiebung (vgl. Nr. 33) in Richtung der Verbindungsgeraden ihrer Mittelpunkte.

Dieselben Sätze gelten, wie ohne Beweis bemerkt sei, auch bei schiefer Parallelprojektion.

Fünf Verfahren für die Konstruktion von Grund- und Aufriß eines Kreises.

175. Bei der Konstruktion von Grund- und Aufriß eines Kreises k kann man je nach der Gestaltung der Aufgabe verschiedene Wege einschlagen. *Die Risse des Mittelpunktes M und die Länge r des Halbmessers von k werden stets gegeben oder leicht zu ermitteln sein.* Wesentliche Verschiedenheiten können nur hinsichtlich der Bestimmungsstücke für die Ebene E von k eintreten.

Das erste Verfahren *setzt den Sonderfall voraus. daß E zu einer Tafel, etwa zu der Grundrißtafel, senkrecht steht. Dann ist nach dem* letzten Satz von Nr. 173 der Grundriß von k (Fig. 47) zugleich der Grundriß der wagerechten Durchmessersehne von k und, wenn B der eine Endpunkt derselben ist, $M'B' = r$. Die scheitelrechte Durchmessersehne von k, die den einen Endpunkt A habe, ist zu MB senkrecht und zu der Aufrißtafel parallel; deshalb liefert sie die große und die wagerechte Durchmessersehne die kleine Achse der Aufrißellipse k''. Wenn wir also $M''A''$ scheitelrecht gleich r ziehen und durch die Ordnungslinie von B' in die durch M'' gelegte Wagerechte den Punkt B'' einzeichnen, so erhalten wir einen Scheitel der großen und einen Scheitel der kleinen Achse der Ellipse k'' und können dieselbe nach Nr. 170 herstellen.

Für jeden Seitenriß, dessen Ebene zu der Grundrißtafel senkrecht steht, liefern MA und MB ebenfalls die halbe große und die halbe kleine Achse der Bildellipse k'''. Wir brauchen also, wie es in Fig. 47 für den neben den Aufriß gelegten Kreuzriß (vgl. Nr. 37) geschehen ist, nur die Punkte M''', A''', B''' nach Nr. 38 einzutragen, um die Ellipse k''' zeichnen zu können.

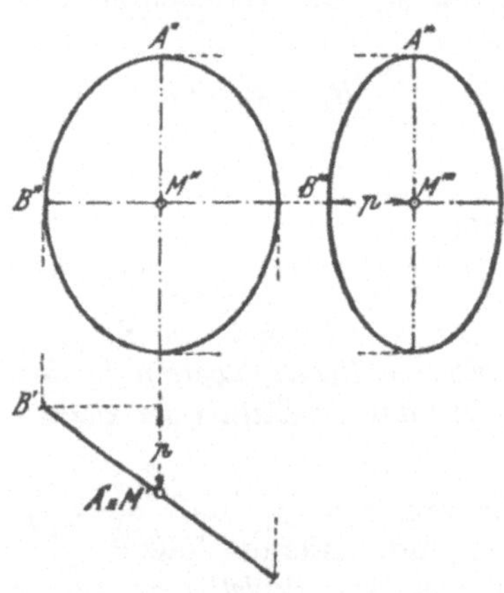

Fig. 47.

176. Die folgenden Verfahren sind sämtlich für den Fall bestimmt, daß die Ebene E gegen beide Rißtafeln geneigt ist.

Das zweite Verfahren *setzt voraus, daß für* E *die Risse einer ersten Hauptlinie* t *und einer zweiten Hauptlinie* u *gegeben sind*, wie es in Fig. 48 der Fall ist. Von M kann nur der eine Riß, etwa M', willkürlich gewählt werden; den anderen, M'', konstruieren wir nach Nr. 60 mit Hilfe der durch M, laufenden ersten Hauptlinie t_1 von E. Darauf denken wir uns die Ebene E durch Drehung um t in die zur Grundrißtafel parallele Lage gebracht und zeichnen nach Nr. 110 den Grundriß der Umlegung M_0' des Punktes M. Der um M_0' mit dem Radius r geschlagene Kreis ist der Grundriß k_0' der Umlegung von k und entspricht der Grundrißellipse k' in der Affinität, die durch die Achse t' und das Punktepaar M_0', M' bestimmt ist.

Weil der Affinitätsstrahl $M_0'M'$ auf der Achse t' senkrecht steht, liefern die beiden Durchmesser des Kreises k_0', die zu t' parallel und senkrecht sind, nach dem ersten Satz von Nr. 134 und nach Nr. 153 die Achsen der Ellipse k'. Ist also A_0' der eine Endpunkt der zu t' parallelen und B_0' der eine Endpunkt der zu t' senkrechten Durchmessersehne von k_0', so sind die entsprechenden Punkte A' und B' Scheitel der beiden Achsen von k'. Von ihnen wird A' durch den

Affinitätsstrahl von A_0' in t_1' und B' durch $M_0' M'$ in die Gerade eingezeichnet, die der Geraden $A_0' B_0'$ entspricht und infolgedessen A' mit dem Schnittpunkt zwischen t' und $A_0' B_0'$ verbindet.

Begegnen sich t' und $M_0' M'$ in M_1', so ist nach Nr. 131

$$M'B' : M'M_1' = M_0' B_0' : M_0' M_1' \quad \text{oder} \quad M'B' : M_0' B_0' = M'M_1' : M_0' M_1'.$$

Ferner haben wir

$$M_0' A_0' = M_0' B_0' = r, \quad M'A' = M_0' A_0' \quad \text{und} \quad M_0' M_1' = M^* M_1' > M'M_1'.$$

Also folgt

$$M'A' = r \quad \text{und} \quad M'B' < r$$

so daß in Übereinstimmung mit dem ersten Satz von Nr. 173 $M'A'$ der Hauptachse und $M'B'$ der Nebenachse von k' angehört.

Die Ellipse k' zeichnen wir aus $M'A'$ und $M'B'$ nach Nr. 170 und könnten in derselben Weise auch die Aufrißellipse k'' herstellen. Die Ebene E kann auch statt durch die Hauptlinien t und u durch ihre Spuren e_1 und e_2 gegeben sein; dann ist in Fig. 48 e_1 an die Stelle von t' und e_2 an die Stelle von u'' zu setzen, während u' und t'' in der Rißachse a_{12} vereinigt zu denken sind.

177. Das dritte Verfahren *macht dieselben Voraussetzungen wie das zweite*

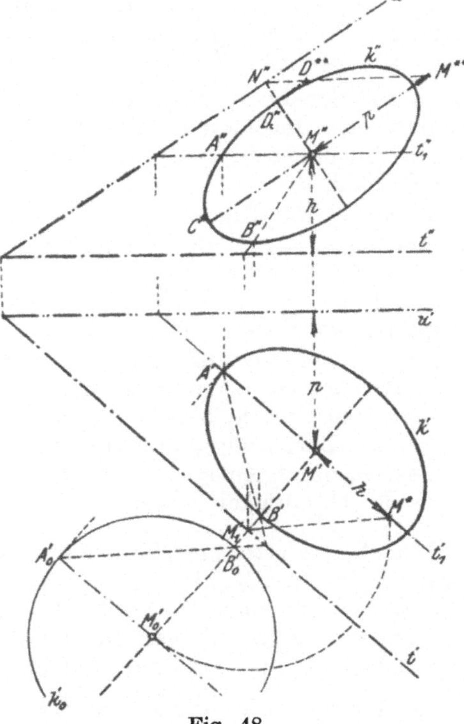

Fig. 48.

und benutzt unmittelbar den ersten Satz von Nr. 173; wir zeigen es am Aufriß in Fig. 48. Die große Achse der Aufrißellipse k'' liegt auf dem Aufriß einer zweiten Hauptlinie von E und ist deshalb parallel zu u'' zu ziehen; wenn C'' der eine ihrer Scheitel ist, haben wir $M''C'' = r$ aufzutragen. Die kleine Achse liegt auf dem Aufriß einer zweiten Fallinie, also in der Geraden $M''N''$, die in N'' auf u'' senkrecht steht. Wenn wir die Strecke $M''M^{**}$ parallel zu u'' und gleich dem Abstand p zwischen M' und u' ziehen, ist nach Nr. 101 der Neigungswinkel von E gegen die Aufrißtafel: $\varepsilon_2 = \sphericalangle M''N''M^{**}$; tragen wir also auf $M^{**}N''$ die Strecke $M^{**}D^{**} = r$ ab und fällen das Lot $D^{**}D''$ auf $M''N''$, so erhalten wir nach Nr. 47 in der Strecke

$M''D'' = r \cos \varepsilon_2$ die halbe Länge und in D'' den einen Scheitel der kleinen Achse von k''. Darauf zeichnen wir k'' nach Nr. 170 ein.

Wir wollen an die nunmehr fertige Fig. 48 sogleich zwei wichtige Bemerkungen anknüpfen:

Erstens: Die Achsen der Grundrißellipse und die Achsen der Aufriß-ellipse sind nicht die Risse desselben Paares rechtwinkliger Durchmesser-sehnen des Kreises k. Bestimmen wir z. B. nach Nr. 55 oder Nr. 60 die zu A' und B' gehörigen Aufrisse A'' und B'', so sind $M''A''$ und $M''B''$ konjugierte Halbmesser von k'' und können nicht mit den Halbachsen $M''C''$ und $M''D''$ von k'' zusammenfallen, weil die Gerade $M''A'' \equiv t_1''$ wagerecht und weder, wie $M''C''$, zu u'' parallel noch, wie $M''D''$, zu u'' senkrecht ist. Der Punkt B'' und der andere Endpunkt der durch ihn bestimmten Durchmessersehne von k'' haben insofern eine besondere Bedeutung, als sie zu t_1'' parallele, also wagerechte Tangenten besitzen und folglich *der tiefste und der höchste Punkt von k''* sind.

Zweitens: Die Ellipse k'' ist nach Nr. 128 das Bild der Ellipse k' in einer Affinität, deren Affinitätsstrahlen die Ordnungslinien [1, 2] sind. Deshalb berühren — genau wie in Nr. 151 — die beiden, den Ordnungslinien parallelen Tangenten von k' auch die Ellipse k''. Überhaupt gilt ganz allgemein der Satz:

Ist eine Ordnungslinie Tangente des einen Risses einer ebenen Kurve, so berührt sie auch den anderen Riß.

Wir könnten die beiden gemeinsamen Tangenten von k' und k'' nebst ihren Berührungspunkten konstruieren; aber es genügt, ihr Vorhandensein durch Anlegen des Lineals festzustellen und hierdurch eine Probe der Genauigkeit auszuüben.

178. Das vierte Verfahren *setzt voraus, daß die Ebene* E *durch die Risse des Punktes M und einer zu ihr senkrechten Geraden m bestimmt ist.* Es benützt einen Seitenriß, dessen Tafel zu den ersten Hauptlinien von E senkrecht, also zu m parallel ist, und wird mit Vorteil angewendet, wenn ein solcher ohnehin gebraucht wird.

In Fig. 49, von der hier nur die Risse des einen Kreises k in Betracht kommen, möge m unmittelbar durch M gehen. Wir führen die wagerechte Rißachse a_{12} ein und zeichnen den Seitenriß mit der zu m' parallelen Rißachse a_{13} an den Grundriß anschließend. Dabei bestimmen wir nach Nr. 35 aus M', M'' und aus den — nach Nr. 44 zu ermittelnden — Rissen M_1', M_1'' des ersten Spurpunktes von m die Seitenrisse M''', M_1''' und $m''' \equiv M_1''' M'''$. Die Seitenrisse aller Punkte von E liegen nach dem zweiten Satz von Nr. 11 sämtlich in der Seitenrißspur e_3 von E und diese steht (vergl. Nr. 62) in M''' auf m''' senkrecht.

Den Seitenriß k''' von k erhalten wir nach dem zweiten Satz von Nr. 173 dadurch, daß wir auf e_3 von M''' aus nach beiden Seiten die Strecke r auftragen; der eine Endpunkt sei B'''. Dann finden wir — unter Umformung des ersten Verfahrens (Nr. 175) für den Seitenriß und den Grundriß — einen Scheitel A' der großen Achse von k', indem wir $M'A'$ zu a_{13} und m' senkrecht und gleich r ziehen, und einen Scheitel B' der kleinen Achse, indem wir die Ordnungslinie $[1, 3]$ von B''' mit m' schneiden.

Dieses Ergebnis stimmt überein mit dem ersten Satz von Nr. 173. Denn es liegen $M'A'$ in einer ersten Hauptlinie, $M'B'$ in einer ersten Fallinie von E; auch ist $M'A' = r$ sowie, da nach Nr. 100 der spitze Winkel zwischen a_{13} und e_3 den Neigungswinkel ε_1 von E gegen die Grundrißtafel angibt, $M'B' = M'''B''' \cos \varepsilon_1 = r \cos \varepsilon_1$. Die Grundrißellipse k' kann nunmehr aus $M'A'$ und $M'B'$ konstruiert werden. Für die Aufrißellipse k'' wird man in der Regel einen besonderen Seitenriß nicht brauchen, sondern das einfachere dritte oder fünfte Verfahren wählen.

179. Das fünfte Verfahren *setzt voraus, daß von der Grund- oder Aufrißellipse außer den Scheiteln der großen Achse ein weiterer Punkt bekannt oder leicht zu finden ist*, und konstruiert die Länge der halben kleinen Achse nach dem Satze von Nr. 163.

In Fig. 49 z. B. können wir sofort die große Achse der Aufrißellipse k'' angeben; denn sie ist nach dem ersten Satz von Nr. 173 gleich $2r$ und liegt auf dem Aufriß der durch M laufenden zweiten Hauptlinie von E; dieser aber steht nach dem zweiten Satz von Nr. 62 senkrecht auf m''. Außerdem

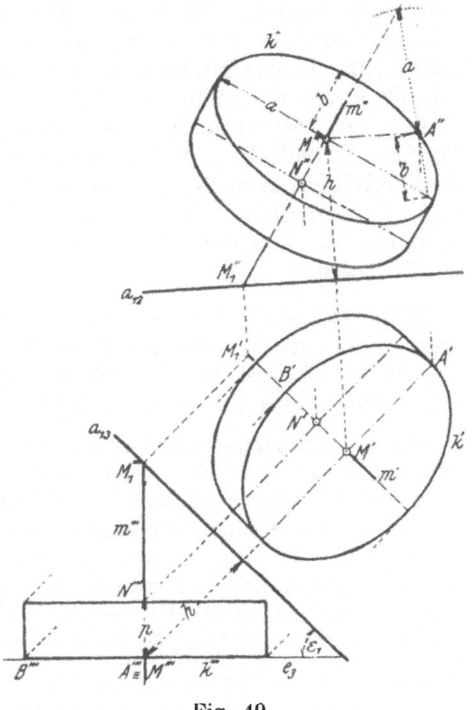

Fig. 49.

besitzen wir noch einen Punkt von k'' in dem Aufriß A'' des Punktes A, dessen Grundriß der eine Scheitel der Hauptachse von k' und für den $M''A'' \parallel a_{12}$ ist. Wir schlagen also, dem oben erwähnten Satze folgend, um A'' mit dem Radius $a = r$ den Kreis, verbinden den einen Schnittpunkt, den er mit m'' hat, mit A'' und erhalten die gesuchte Länge b der halben kleinen Achse in der Strecke der Verbindungsgeraden, die zwischen A'' und der Hauptachse von k'' liegt. *Jedoch wird die Konstruktion durch schleifende Schnitte ungenau, sobald A'' einem Scheitel der großen Achse von k' zu nahe ist.*

Aufgaben über die Risse eines Kreises.

180. Aufgabe: *Gegeben* sind die Risse eines Dreiecks ABC. *Gesucht* sind die Risse seines umgeschriebenen oder eingeschriebenen Kreises.

Wir konstruieren zuerst nach Nr. 61 die Risse einer ersten Hauptlinie t und einer zweiten Hauptlinie u der Ebene ABC und nach Nr. 110 den Grundriß $A_0' B_0' C_0'$ der Umlegung des Dreiecks ABC, die durch Drehung um t entsteht. Der dem Dreieck $A_0' B_0' C_0'$ umgeschriebene oder eingeschriebene Kreis k_0' ist der Grundriß der Umlegung des gesuchten Kreises k. Durch den Mittelpunkt M_0' von k_0' legen wir die Parallele zu t', d. i. den Grundriß der Umlegung der ersten Hauptlinie t_1, die in der Dreiecksebene durch M geht; hieraus folgen nach den Gesetzen der Affinität (Nr. 118, Nr. 119, Nr. 127) die Grundrisse t_1' und M' und aus ihnen wieder nach Nr. 54 und Nr. 55 die Aufrisse t_1'' und M''. Damit haben wir alles, was nötig ist, um die Grundrißellipse k' nach dem zweiten (Nr. 176) und die Aufrißellipse k'' nach dem dritten (Nr. 177) oder fünften (Nr. 179) Verfahren zu zeichnen. Zu beachten ist, daß k' und k'' den Dreiecken $A'B'C'$ und $A''B''C''$ genau umgeschrieben bzw. eingeschrieben sein müssen.

181. Aufgabe: *Gegeben* sind zur Bestimmung einer Ebene E die Risse einer ersten und einer zweiten Hauptlinie und ferner eine Strecke r. *Gesucht* sind die Risse eines Kreises k, der in E liegt, den Halbmesser r hat und die beiden Hauptlinien berührt.

Die beiden Hauptlinien von E mögen t und u sein und sich im Punkt S schneiden. Wir legen dann in Fig. 50 E um t um und erhalten $t_0' \equiv t'$ und, nachdem wir für einen beliebigen Punkt P von u den Grundriß P_0' der Umlegung nach Nr. 110 konstruiert haben, $u_0' \equiv S'P_0'$. Der Schnittpunkt zweier Geraden, die im Abstande r zu t_0' und u_0' parallel sind, ist der Mittelpunkt M_0' eines Kreises k_0' vom Radius r, der für einen der vier, als Lösungen der Aufgabe möglichen Kreise der Grundriß der Umlegung ist.

Berührt k_0' die Geraden t_0' und u_0' in B_0' und D_0' und schneidet der zu t_0' parallele Durchmesser die Gerade u_0' in F_0', so erhalten wir mit Hilfe der entsprechenden Punkte $B'(\equiv B_0')$, D', F' die Grundrißellipse k' unter geringer Abänderung des zweiten Verfahrens (Nr. 176): Ihre Hauptachse geht durch F' parallel zu $t' \equiv t_0'$, und ihre Nebenachse ist der Affinitätsstrahl $M_0' M'$. Da der zuletzt genannte zu $t' \equiv t_0'$ senkrecht ist und folglich durch B' geht, ist B' ein Scheitel der Nebenachse von k'. Also kennen wir auch die Achsenlängen $2\,M'A' = 2\,r$ und $2\,M'B'$ der Ellipse k' und sind imstande, sie nach Nr. 170 einzuzeichnen. Dabei ist darauf zu achten, daß sie u' in D' berühren muß.

Für die Aufrißellipse k'' tragen wir mit Hilfe der Ordnungslinien die Punkte B'' auf t'', D'' und F'' auf u'' und M'' auf der durch F'' gehenden Wagerechten ein. Da die Hauptachse zu dem Aufriß u''

der zweiten Hauptlinie u parallel und u'' die zu D'' gehörige Tangente ist, muß D'' ein Scheitel der Nebenachse und folglich $M''D''$ zu u'' senkrecht (Genauigkeitsprobe!) sein. k'' hat somit die Achsenlängen $2\,M''C'' = 2\,r$ und $2\,M''D''$ und muß so eingezeichnet werden, daß in B'' eine Berührung mit t'' stattfindet.

182. Aufgabe: *Gegeben* sind Grund- und Aufriß eines Kreises. *Gesucht* ist sein Kreuzriß.

Wenn die Ebene des Kreises k zur Grundrißtafel senkrecht steht, so verfahren wir, wie in Nr. 175 angegeben worden ist. Bei allgemeiner

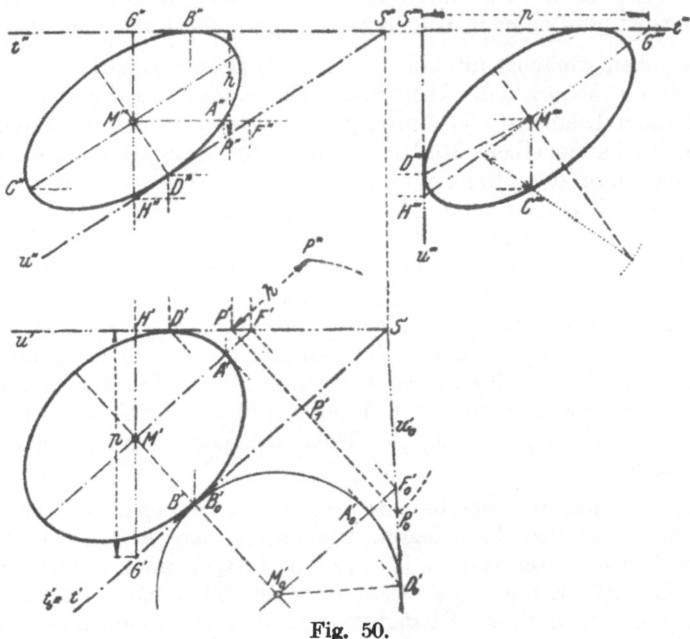

Fig. 50.

Lage der Ebene konstruieren wir — nach der Vorschrift von Nr. 38 — die Kreuzrisse des Mittelpunktes M und zweier Punkte von k, die entweder — wie in Fig. 50 A und B — für die Grundrißellipse k' oder — wie C und D — für die Aufrißellipse k'' einen Scheitel der Hauptachse und einen Scheitel der Nebenachse liefern. Dann sind sowohl $M'''A'''$ und $M'''B'''$ als auch $M'''C'''$ und $M'''D'''$ konjugierte Halbmesser der Kreuzrißellipse k''' und gestatten es, ihre Achsen nach Nr. 161 aufzusuchen.

In Fig. 50 insbesondere kann die Konstruktion kürzer gestaltet werden: Weil t zur Grundrißtafel und u zur Aufrißtafel parallel ist, verlaufen im Kreuzriß t''' wagerecht und u''' scheitelrecht. Wir tragen auf ihnen die Punkte G''' und H''' ein, denen im Grundriß und Aufriß die Schnittpunkte G', H', G'', H'' der Ordnungslinie $M'M''$ mit t', u', t'', u'' entsprechen. Da die hierdurch bestimmte Gerade GH ein Durchmesser von k und zwar der zur Kreuzrißtafel parallele Durchmesser ist, liegen auf $G'''H'''$ der Mittelpunkt M''' und, von ihm um den Radius r des Kreises k entfernt, die Scheitel der Hauptachse von k'''. Hieraus und etwa aus dem Punkte C''' kann nach Nr. 163 die halbe kleine Achse von k''' bestimmt werden. (Siehe die beiden letzten Zeilen von Seite 117.)

183. Aufgabe: *Gegeben* sind die Risse zweier Riemenscheiben, die auf wagerechten, sich kreuzenden Wellen sitzen. *Gesucht* sind die Risse zweier Leitrollen, durch die der Riemen über die Scheiben so geleitet wird, daß er nach beiden Seiten umlaufen kann. (*Riementrieb.*)

Wir geben zunächst nur schematisch die Scheiben und Rollen durch die in ihren Mittelebenen liegenden Kreise und die zwischen ihnen verlaufenden Riemenstücke durch gerade Linien wieder, behalten aber die Ausdrücke Scheiben, Rollen, Riemen bei. An jeder Scheibe oder Rolle muß nun der Riemen, damit er nach beiden Seiten umlaufen kann, in der Richtung einer Tangente auflaufen und ebenso auch ablaufen. Deshalb erhalten wir den gewünschten Riementrieb, wenn wir auf der Schnittgeraden s der Ebenen der beiden Scheiben zwei Punkte S_1, S_2 angeben, aus den Tangenten, die von ihnen an die Scheiben gehen, die geeigneten — S_1U_1, S_1V_1, S_2U_2, S_2V_2 — heraussuchen und sowohl zwischen S_1U_1 und S_1V_1 als auch zwischen S_2U_2 und S_2V_2 berührende Kreise als Leitrollen legen. Je nach den besonderen Bedingungen, denen der Riementrieb genügen soll, wird die Lage der Punkte S_1, S_2 und die Größe der Leitrollen verschieden zu wählen sein.

Steht die untere Scheibe zur Aufrißtafel parallel und verlaufen die an die obere Scheibe gelegten Tangenten wagerecht, so sind etwa S_1U_1 und S_2U_2 zwei erste und S_1V_1 und S_2V_2 zwei zweite Hauptlinien. Deshalb können die Risse der Leitrollen nach Nr. 181 konstruiert werden. Soll der Riementrieb nicht nur schematisch, sondern körperlich gezeichnet werden, so ist die bis jetzt erhaltene Figur mit Hilfe des in Nr. 188 angegebenen Verfahrens zu erweitern.

V. Kreiszylinder und Kugel.

Die Kreiszylinderfläche.

184. Werden durch die Punkte einer *Leitkurve* k gerade· Linien gelegt, die sämtlich einander parallel sind, ohne sich mit k zusammen in derselben Ebene zu befinden, so entsteht *eine gekrümmte Fläche;* man nennt sie eine *Zylinderfläche* und bezeichnet die Geraden als ihre *Erzeugenden.* k braucht keine ebene Kurve zu sein, aber kann als Leitkurve stets durch eine solche ersetzt werden, in der die Zylinderfläche eine beliebige, nicht zu ihren Erzeugenden parallele Ebene durchdringt. Deshalb dürfen wir k von vornherein als ebene Kurve annehmen. *Parallele Ebenen schneiden eine Zylinderfläche in kongruenten Kurven (Nr. 10).*

Verläuft auf einer Zylinderfläche eine ebene Kurve c, so ist nach Nr. 141 ihre Tangente in einem Punkt P die Grenzlage, der eine Sehne PX zustrebt, während der Punkt X auf c sich dem Punkt P unbegrenzt nähert. Durch P und X gehen zwei Erzeugende der Fläche (Fig. 51), die der Leitkurve k in den Punkten Q und Y begegnen. Sie liegen, da sie parallel sind, in einer Ebene $\varDelta$, die auch die Geraden PX und QY enthält. Wird nun X längs c verschoben, so verursacht dies eine Drehung der Ebene $\varDelta$ um die Drehachse PQ, bei der Y sich aaf k bewegt und die Sehnen PX, QY sich um P und Q drehen. Sobald X mit P zusammenfällt, vereinigt sich Y mit Q; also werden die Grenzlagen, denen PX und QY hierbei zustreben, gleichzeitig erreicht und liegen deshalb in einer Ebene, welche als Grenzlage für $\varDelta$ auftritt.

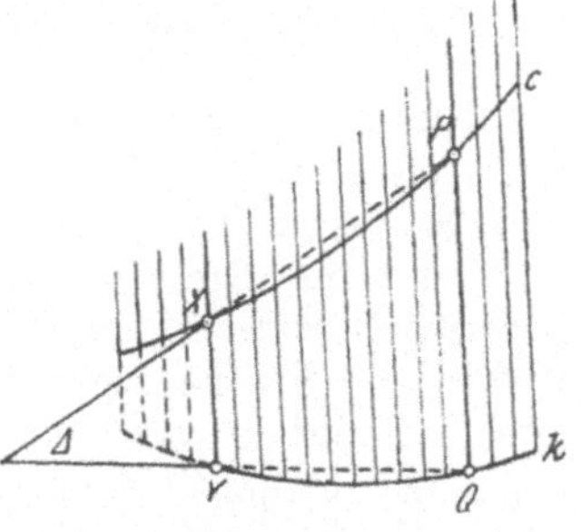

Fig. 51.

Die Grenzlagen von PX und QY sind die zu P gehörige Tangente von c und die zu Q gehörige Tangente von k. Da schon die letztere zusammen mit der Erzeugenden PQ die Grenzlage von $\varDelta$ bestimmt, finden wir für diese stets dieselbe Ebene, sowohl wenn wir eine andere durch P laufende ebene Kurve der Fläche statt der Kurve c nehmen, als auch wenn wir P längs der Erzeugenden und zugleich c auf der Fläche verschieben. Daraus folgen die Sätze:

Konstruiert man für alle ebenen Kurven, die auf einer Zylinderfläche liegen, in ihren Schnittpunkten mit einer Erzeugenden die Tangenten, so sind sie in einer Ebene enthalten. Diese ist „die zu der Erzeugenden gehörige Tangentialebene der Zylinderfläche“ und wird bereits bestimmt durch die Erzeugende und eine der Tangenten.

Verläuft eine ebene Kurve auf einer Zylinderfläche, so sind ihre Tangenten die Schnittlinien ihrer Ebene mit den Tangentialebenen der Fläche.

185. Eine *Kreiszylinderfläche* entsteht, wenn die Leitkurve k ein Kreis ist. Durch eine Gerade g, die den Erzeugenden nicht parallel ist, geht stets eine den Erzeugenden parallele Ebene $\varGamma$, die in die Ebene des Leitkreises k eine Gerade g_1 einzeichnet. Durch jeden Schnittpunkt zwischen k und g_1 geht eine Erzeugende u der Kreiszylinderfläche, die in $\varGamma$ liegt und von g getroffen wird. Deshalb folgen aus der dreifachen Möglichkeit, die für das gegenseitige Verhalten von k und g_1 obwaltet, die Sätze:

Von einer Kreiszylinderfläche liegen in einer Ebene, die zu ihren Erzeugenden parallel ist, zwei oder eine oder keine Erzeugende.

*Eine ·Kreiszylinderfläche wird von einer Geraden, die zu ihren Er-
zeugenden nicht parallel ist, in zwei Punkten oder in einem Punkt oder
gar nicht getroffen.*

Der zweite Fall tritt ein, wenn g_1 Tangente von k ist; dann ist u
die durch den Berührungspunkt laufende Erzeugende und $\varGamma$ die zu u
gehörige Tangentialebene. Infolgedessen schneidet jede andere durch g
gehende Ebene die Kreiszylinderfläche in einer Kurve, deren Tangente g ist; wir nennen deshalb g eine *Tangente der Kreiszylinderfläche.*

Der Leitkreis k hat immer zwei Tangenten, die zu g_1 parallel sind;
sie bestimmen zusammen mit den Erzeugenden, die durch ihre Berührungspunkte laufen, zwei Tangentialebenen der Kreiszylinderfläche,
die zu $\varGamma$ und somit zu g parallel sind. Also folgt:
*Eine Kreiszylinderfläche besitzt stets zwei Tangentialebenen, die einer
— ihren Erzeugenden nicht parallelen — Geraden parallel sind.*

Der Umriß der Kreiszylinderfläche.

186. Wird eine Kreiszylinderfläche durch Parallelstrahlen projiziert, so gibt es auf ihr nach dem letzten Satze zwei Erzeugende u
und v, deren Tangentialebenen zu den Projektionsstrahlen parallel
sind und die Risse $\bar{u}, \bar{v}$ von u, v in die Rißtafel einzeichnen. Alle
Projektionsstrahlen, die zwischen den Ebenen $(u\,\bar{u})$, $(v\,\bar{v})$ verlaufen,
treffen die Fläche in je zwei Punkten, von denen der eine sichtbar
und der andere verdeckt ist; die in den Ebenen $(u\,\bar{u})$, $(v\,\bar{v})$ selbst
liegenden Projektionsstrahlen dagegen streifen die Fläche, sie je in
einem Punkt von u oder v berührend. Deshalb trennen u und v den
sichtbaren Teil der Fläche von dem verdeckten und begrenzen $\bar{u}$ und $\bar{v}$
in der Rißtafel den Streifen, auf den das Bild der ganzen Fläche fällt.
Hierdurch kommen wir, genau wie in Nr. 16, zu den Begriffen *des
wahren Umrisses*, den u und v, und *des scheinbaren Umrisses*, den $\bar{u}$
und $\bar{v}$ bilden, und erhalten den Satz:
*Eine Kreiszylinderfläche, deren Erzeugende den Projektionsstrahlen
nicht parallel sind, besitzt einen wahren Umriß in den beiden Erzeugenden,
deren Tangentialebenen den Projektionsstrahlen parallel sind, und einen
scheinbaren Umriß in den Rissen jener beiden Erzeugenden.*

Zur Ergänzung dieses Satzes dient der folgende, ohne weiteres aus
dem letzten Satz von Nr. 5 sich ergebende:
*Der Riß einer Kreiszylinderfläche, deren Erzeugende den Projektions-
strahlen parallel sind, ist der Riß ihres Leitkreises.*

187. Wenn eine ebene Kurve c auf einer Kreiszylinderfläche liegt und
den wahren Umriß, etwa die Erzeugende u, in einem Punkt P schneidet,
so liegt die Tangente, die c in P berührt, in der Tangentialebene $(u\,\bar{u})$
und hat infolgedessen die Gerade $\bar{u}$ zum Riß; also ist $\bar{u}$ auch diejenige
Tangente der Bildkurve $\bar{c}$, die zu dem Riß $\bar{P}$ von P gehört. Somit
ergibt sich der Satz:

Der Riß einer Kurve, die auf einer Kreiszylinderfläche liegt, berührt den scheinbaren Umriß der Fläche in jedem Punkt, in dem er an ihn herantritt.

Eine Ausnahme entsteht nur dann, wenn die Tangente t, die c in P besitzt, selbst Projektionsstrahl ist; dann ist, weil die Ebene von c den Projektionsstrahl t enthält, nach Nr. 11 $\bar{c}$ eine Strecke, die ihren einen Endpunkt in $\bar{P}$ hat. Das heißt:

Wird eine Kreiszylinderfläche durch eine Ebene geschnitten, die den Projektionsstrahlen parallel ist, so bildet sich die Schnittkurve in eine Strecke ab, deren Endpunkte auf den beiden Geraden des scheinbaren Umrisses der Fläche liegen.

Da auch der Leitkreis k ein ebener Schnitt der Kreiszylinderfläche ist, gelten diese Sätze ebenfalls für seinen Riß. Wir nennen nun die Gerade, die zu den Erzeugenden parallel durch den Mittelpunkt des Leitkreises geht, die *Mittellinie* der Kreiszylinderfläche und erhalten den Satz:

Sind in einer Rißtafel für eine Kreiszylinderfläche der Riß $\bar{k}$ des Leitkreises und der Riß $\bar{m}$ der Mittellinie gegeben, so besteht der scheinbare Umriß aus den beiden zu $\bar{m}$ parallelen Geraden, die man, wenn $\bar{k}$ eine Ellipse ist, (nach dem letzten Satz von Nr. 143) als Tangenten an dieselbe oder, wenn $\bar{k}$ eine Strecke ist, durch deren Endpunkte legen kann.

188. Steht die Mittellinie auf der Ebene des Leitkreises senkrecht, so haben wir eine *gerade*, im anderen Fall eine *schiefe* Kreiszylinderfläche. Auf Grund des in Nr. 10 erwähnten Satzes der Stereometrie wird eine gerade Kreiszylinderfläche von den Ebenen, die zu ihrer Mittellinie senkrecht sind, in kongruenten Kreisen geschnitten, deren jeden wir als Leitkreis der Fläche auffassen können. Zwei solche Ebenen begrenzen zusammen mit der Zylinderfläche einen Körper, einen *geraden Kreiszylinder;* die in ihnen liegenden Kreise sind die *Grenzkreise* und ihr Abstand die *Höhe* des Zylinders. Da der gerade Kreiszylinder die Grundform des *Rades*, der *Welle* usw. ist (vgl. Nr. 210 und Nr. 262), erkennen wir die Wichtigkeit der

Aufgabe: *Gegeben* sind für einen geraden Kreiszylinder der Halbmesser r des Leitkreises, die Höhe p und in Grund- und Aufriß die Mittellinie m nebst dem Mittelpunkt M des einen Grenzkreises. *Gefordert* ist die Konstruktion der Risse des Zylinders.

Ihre Lösung beginnen wir damit, daß wir, wie in Fig. 49, nach Nr. 178 und Nr. 179 die Risse des Grenzkreises herstellen, dessen Mittelpunkt M ist. Darauf tragen wir im Seitenriß auf m''' die Strecke $M'''N''' = p$ auf, bestimmen die zugehörigen Punkte N', N'' im Grund- und Aufriß und zeichnen die drei Risse des anderen Grenzkreises, die nach Nr. 174 aus denen des ersten Grenzkreises durch Schiebungen längs m''' bzw. m' und m'' entstehen. Endlich tragen wir auf Grund des letzten Satzes von Nr. 187 die Umrißlinien der Zylinderfläche ein: Sie verbinden im Seitenriß die Endpunkte der beiden Strecken, welche in ihm die Bilder der Grenzkreise sind, und sind sowohl im Grundriß als auch im Aufriß wegen der besonderen Lage der beiden Bildellipsen die ihnen gemeinsamen Tangenten der Hauptachsenscheitel. Teile von ihnen und den beiden Ellipsen umgrenzen sowohl im Grundriß als auch

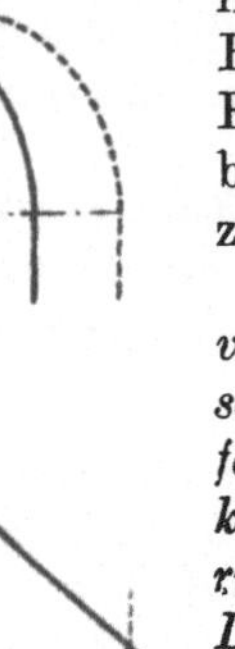

im Aufriß den Fleck der Tafel, auf den das Bild des Kreiszylinders fällt, und bilden im Einklang mit Nr. 16 und Nr. 186 seinen scheinbaren Umriß. Dieser Einzelfall führt uns sofort zu dem allgemeinen Satz:

Wird ein konvexer Körper von ebenen und von krummen Flächen begrenzt, so können zu seinem wahren Umriß sowohl Teile seiner scharfen Kanten als auch Teile der Umrißlinien seiner krummen Flächen gehören. Sein scheinbarer Umriß setzt sich aus den Rissen dieser beiden Liniensorten zusammen.

Grundriß und Seitenriß von Fig. 49 zeigen zugleich, wie die Lösung der Aufgabe sich im Anschluß an Nr. 175 vereinfacht, wenn die Mittellinie zu einer Rißtafel parallel ist. Ein Beispiel anderer Art bietet die Fensteröffnung in Fig. 52 dar, weil dort ein halber Kreiszylinder nicht als voller Körper auftritt, sondern in der Mauer ausgespart ist.

Fig. 52.

Der ebene Schnitt des Kreiszylinders.

189. Eine Kreiszylinderfläche wird von einer Ebene E, die ihren Erzeugenden nicht parallel ist, in einer Kurve geschnitten. Diese kann, wenn E als Rißtafel und die Erzeugenden als Projektionsstrahlen genommen werden, als Riß des Leitkreises aufgefaßt werden. Sie ist daher im allgemeinen eine Ellipse, deren Mittelpunkt M auf der Mittellinie der Kreiszylinderfläche liegt, und unter Umständen ein Kreis (vgl. Nr. 184 und Nr. 303). Wir behandeln insbesondere die

Aufgabe: *Gegeben* sind der in der Grundrißtafel liegende Leitkreis einer geraden Kreiszylinderfläche und die Spuren e_1, e_2 einer Ebene E. *Gesucht* ist der Aufriß der Ellipse c, in der E die Zylinderfläche schneidet.

Da die Mittellinie m der geraden Kreiszylinderfläche zur Grundriß-tafel senkrecht steht, fällt der Grundriß M' des Punktes M in den Mittelpunkt des Leitkreises und der Grundriß c' der Ellipse c nach dem letzten Satz von Nr. 186 in den Leitkreis selbst. Den Aufriß M'' konstruieren wir, wie Fig. 53 zeigt, nach Nr. 58 mit Hilfe der durch M laufenden ersten Hauptlinie t von E. Der Aufriß c'' von c ist (vergl. Nr. 152) eine Ellipse mit dem Mittelpunkt M'' und ergibt sich nach Nr. 128 als Bild des Kreises c' in einer Affinität, deren Achse $s' \equiv s''$ nach Nr. 129 durch die Schnittpunkte zwischen den Rissen t' und t'' der ersten und zwischen den Rissen u' und u'' der zweiten durch M

laufenden Hauptlinie von E bestimmt werden kann. Für diese Affinität suchen wir nach Nr. 133 die beiden entsprechenden rechten Winkel auf, deren Scheitel M' und M'' sind, und übertragen durch Ordnungslinien die Durchmessersehnen des Kreises, die auf den Schenkeln des einen rechten Winkels liegen, auf die Schenkel des anderen; dadurch erhalten wir nach Nr. 153 und Nr. 154 die große und die kleine Achse, auf Grund deren nach Nr. 170 die gesuchte Ellipse c'' zu zeichnen ist.

Die Schnittpunkte E', F' zwischen u' und dem Leitkreise bestimmen die Schnittpunkte E'', F'' zwischen u'' und c''. Die Ordnungslinien $E'E''$, $F'F''$ begrenzen auf der Rißachse a_{12} die Strecke, welche nach dem letzten Satz von Nr. 172 der Aufriß des Leitkreises ist, und bilden deshalb nach dem letzten Satz von Nr. 187 den scheinbaren Umriß der Kreiszylinderfläche. Sie berühren, wie es der erste Satz von Nr. 187 verlangt, in E'' und F'' die Ellipse c'', weil sie nach dem letzten Satz von Nr. 177 die gemeinsamen Tangenten von c' und c'' sein müssen. Wir ziehen sie in Fig. 53 nur zwischen a_{12} und $E''F''$ aus und stellen somit den Körper dar, der durch die Grundrißtafel, die Ebene E und die Kreiszylinderfläche begrenzt wird.

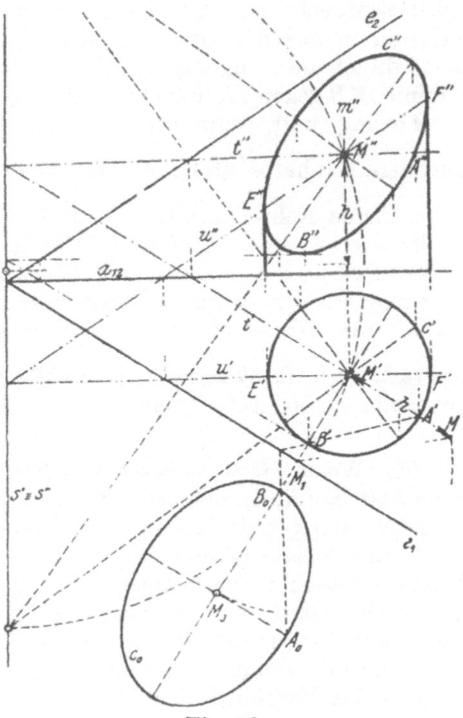

Fig. 53.

190. Um die Ellipse c selbst und ihre Lage auf der geraden Kreiszylinderfläche zu untersuchen, legen wir die Ebene E mit ihr um die Spur e_1 in die Grundrißtafel um. Wir bestimmen zu diesem Zweck nach Nr. 110 den Punkt M_0, auf den dabei M fällt, und erhalten nach Nr. 127 die Umlegung c_0 von c als das Bild des Kreises c' in der Affinität, welche die Achse e_1 besitzt und die Punkte M', M_0 einander zuordnet. Da die Affinitätsstrahlen auf e_1 senkrecht stehen, gilt für die Achsen von c_0 dasselbe, wie in Nr. 176 für die Achsen von k'; sind also A' und B' je ein Schnittpunkt von c' mit t' und mit $M'M_0$ und suchen wir die ihnen entsprechenden Punkte A_0 und B_0 auf, so erhalten wir für jede der beiden Achsen von c_0 einen Scheitel. Aber hierbei macht sich der Unterschied bemerklich, daß der Kreis in Nr. 176 Umlegung, hingegen nunmehr Grundriß ist; es folgt nämlich jetzt unmittelbar aus der Figur, daß $M_0A_0 = M'A'$ $= M'B'$, und aus der Verhältnisgleichung $M_0B_0 : M_0M_1 = M'B' : M'M_1$, daß $M_0B_0 : M_0A_0 = M_0M_1 : M'M_1$ oder $M_0B_0 > M_0A_0$ ist. Also ist A_0 ein Scheitel der kleinen und B_0 ein Scheitel der großen Achse der Ellipse c_0.

Für die Ellipse c selbst schließen wir hieraus, daß ihre Hauptachse eine erste Fallinie und ihre Nebenachse eine erste Hauptlinie von E ist; deshalb bestimmt die Hauptachse zusammen mit der Mittellinie m der Zylinderfläche eine Ebene, die zu E und auch zu der Nebenachse senkrecht ist. Der Neigungswinkel η, den m gegen E besitzt, ist, weil m auf der Grundrißtafel $\varPi_1$ senkrecht steht, der Komplementwinkel des Neigungswinkels ε_1, den E und somit auch die erste Fallinie MB gegen $\varPi_1$ bildet; folglich ist nach Nr. 47 $M'B' = MB \cos\varepsilon_1$ $= MB \sin\eta$ und, wenn wir den Halbmesser des Leitkreises mit r bezeichnen, die halbe große Achse von c $MB = \dfrac{r}{\sin\eta}$. Dagegen ist die halbe kleine Achse unmittelbar $MA = M'A' = r$. Das heißt:

Wird eine gerade Kreiszylinderfläche, deren Mittellinie m und deren Leitkreisradius r ist, durch eine Ebene E geschnitten, die gegen m den Neigungswinkel η besitzt, so entsteht eine Ellipse: Ihr Mittelpunkt liegt auf m; ihre Hauptachse wird in E eingezeichnet durch die Ebene, die senkrecht zu E durch m läuft; ihre halbe große Achse ist gleich $\dfrac{r}{\sin\eta}$ und ihre halbe kleine Achse gleich r.

191. Wenn wir statt des vollen Kreiszylinders in Fig. 53 *ein schräg abgeschnittenes Rohr* nehmen, so müssen wir die Ellipsen konstruieren, in denen zwei gerade Kreiszylinderflächen mit gemeinsamer Mittellinie durch eine Ebene geschnitten werden. Wir erhalten dann sowohl im Aufriß als auch in der Umlegung zwei Ellipsen, die eine gemeinsame Hauptachse und eine gemeinsame Nebenachse haben; ferner verhalten sich ihre halben großen Achsen wie die Halbmesser der beiden Leitkreise und somit wie die halben kleinen Achsen, so daß bei beiden Ellipsen das Verhältnis der kleinen zur großen Achse denselben Wert besitzt.

Wird ein Rohr schräg durchgeschnitten, so können wir den einen Teil festhalten und den anderen so bewegen, daß seine Schnittfläche in ihrer Ebene sich um 180° dreht und mit derjenigen des anderen Teiles wieder zur Deckung kommt. Dadurch entsteht ein scharfes *Rohrknie;* sollen die beiden Teile desselben rechtwinklig aufeinander stehen, so muß $\eta = 45°$ sein. In derselben Weise entstehen aus einem vollen Kreiszylinder oder auch aus einem Teil eines solchen Zierformen, wie der um eine Ecke herumgeführte *Rundstab* bzw. *Viertelstab*, und, wenn der Zylinderteil als Hohlraum auftritt, eine um eine Ecke herumgeführte *gerade Hohlkehle* (**Fig. 100,** a und b in Teil II und Fig. 127 in Teil III).

Wir brauchen in Fig. 53 zur Ermittlung der Achsen von c'' nicht die Affinitätsachse $s' \equiv s''$ zu benutzen. Vielmehr können wir auch, indem wir zu den Endpunkten von irgend zwei rechtwinkligen Halbmessern des Kreises c' die zugehörigen Aufrisse aufsuchen, ein Paar konjugierter Halbmesser von c'' und aus ihnen nach Nr. 161 die Achsen herstellen. Diesem Zwecke würden z. B. in Fig. 53 die Punkte A'' und B'' dienen, die am sichersten mit Hilfe der Risse der durch A und B laufenden ersten Hauptlinien von E eingetragen werden; dabei sind zugleich B'' und der zweite Endpunkt der durch B'' bestimmten Durchmessersehne, weil sie wagerechte Tangenten besitzen, der unterste und der oberste Punkt von c''. Wenn jedoch — wie z. B. bei dem in Fig. 54 dargestellten *untersten Stein einer profilierten Fensterleibung* — nur ein Teil der Ellipse c'' gezeichnet werden muß, kann dies unmittelbar aus den gefundenen konjugierten Halbmessern durch die Achteckskonstruktion (Nr. 147) oder besser durch das Verfahren von Nr. 151 geschehen.

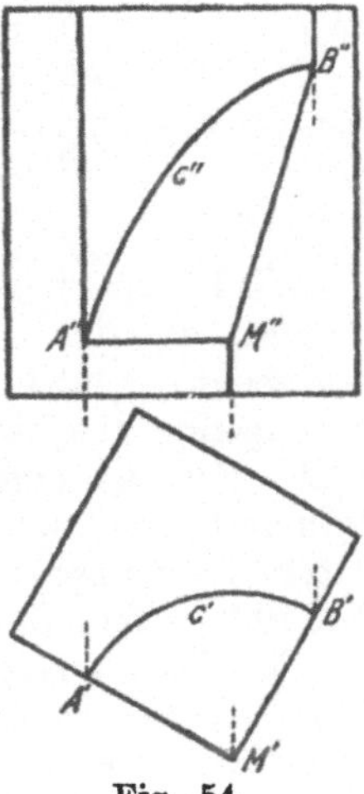

Fig. 54.

Die Kugel.

192. Aus der Stereometrie übernehmen wir die Begriffsbestimmung und die wichtigsten Eigenschaften der Kugel. In Betracht kommen besonders die Sätze:

Eine Kugel wird durch eine Ebene entweder gar nicht oder in einem Kreis geschnitten oder in einem Punkt berührt.

Im zweiten Fall ist der Mittelpunkt des Kreises der Fußpunkt des Lotes, das aus dem Kugelmittelpunkt auf die Ebene gefällt wird, und sein Halbmesser die eine Kathete eines rechtwinkligen Dreiecks, dessen andere Kathete gleich jenem Lot und dessen Hypotenuse gleich dem Kugelradius ist; falls die Ebene durch den Kugelmittelpunkt selbst geht, ist dieser der Mittelpunkt und der Kugelradius der Halbmesser des Schnittkreises, der als „Großkreis" der Kugel bezeichnet wird.

Im dritten Fall steht die Ebene auf dem Halbmesser der Kugel, der nach ihrem Berührungspunkt läuft, senkrecht und enthält die Tangenten, die alle auf der Kugel liegenden und durch jenen Punkt gehenden Kreise in demselben besitzen; deshalb heißt sie Tangentialebene.

Eine Kugel wird von einer Geraden entweder in zwei Punkten oder in einem Punkt oder gar nicht geschnitten.

Im zweiten Fall ist die Gerade eine Tangente der Kugel; sie steht auf dem Halbmesser senkrecht, der nach ihrem Berührungspunkt geht, liegt in der Tangentialebene desselben und ist Tangente jedes Kreises, den eine durch sie gelegte Ebene aus der Kugel ausschneidet.

193. Suchen wir die Tangenten einer Kugel, die einer gegebenen Geraden g parallel sind, so müssen die nach ihren Berührungspunkten laufenden Halbmesser der Kugel zu g senkrecht stehen und somit in der Ebene enthalten sein, die durch den Kugelmittelpunkt senkrecht zu g gelegt werden kann. Hieraus folgt der Satz:

Die Tangenten einer Kugel, die einer Geraden g parallel sind, haben ihre Berührungspunkte auf dem Großkreise, dessen Ebene zu g senkrecht ist, und bilden die gerade Kreiszylinderfläche, deren Leitkreis jener Großkreis ist.

Wird eine Kugel durch Parallelstrahlen projiziert, so ist nach diesem Satz der Großkreis, dessen Ebene zu den Projektionsstrahlen senkrecht ist, der Leitkreis einer geraden Kreiszylinderfläche, deren Erzeugende gleichzeitig Projektionsstrahlen und Tangenten der Kugel sind. Hieraus ergeben sich ähnlich, wie in Nr. 186 für die Kreiszylinderfläche, für die Kugel die Begriffe *des wahren und des scheinbaren Umrisses;* und wir erhalten — unter Berücksichtigung von Nr. 190 — den Satz:

Bei Parallelprojektion ist der wahre Umriß einer Kugel der Großkreis, dessen Ebene zu den Projektionsstrahlen senkrecht steht. Der scheinbare Umriß ist eine Ellipse, die nach dem Satz von Nr. 190 als ein ebener Schnitt der über dem wahren Umriß stehenden geraden Kreiszylinderfläche zu konstruieren ist.

Nur bei rechtwinkliger Projektion ist die Ebene des wahren Umrisses der Rißtafel parallel; dann ergibt sich folgendes:

Bei rechtwinkliger Projektion ist der scheinbare Umriß einer Kugel ein Kreis, dessen Mittelpunkt der Riß des Kugelmittelpunktes und dessen Halbmesser gleich dem Kugelradius ist.

194. Wenn zwei Kreise auf einer Kugel liegen und einen gemeinsamen Punkt besitzen, so muß dieser der Schnittlinie s ihrer Ebenen angehören und somit ein Schnittpunkt von s mit der Kugel sein. Daraus folgt:

Zwei Kreise einer Kugel haben zwei Schnittpunkte oder einen Berührungspunkt oder keinen gemeinsamen Punkt, je nachdem die Schnittlinie ihrer Ebenen die Kugel in zwei Punkten schneidet oder in einem Punkt berührt oder nicht trifft.

Ist nun der eine der beiden Kreise der wahre Umriß u und hat er mit dem zweiten Kreise k wenigstens einen Punkt P gemeinsam, so liegt der Projektionsstrahl $P\overline{P}$ als Tangente der Kugel in der zu P gehörigen Tangentialebene, in der auch die in P berührenden Tangenten t_1 und t_2 von u und k enthalten sind. Da also die Tangentialebene von P die gemeinsame projizierende Ebene von t_1 und t_2 ist, haben in der Rißtafel die Bildellipsen $\overline{u}$ und $\overline{k}$ in ihrem gemeinsamen Punkt $\overline{P}$ auch eine gemeinsame Tangente $\overline{t}$, in der die Risse von t_1 und t_2 vereinigt sind. Da $\overline{u}$ der scheinbare Umriß der Kugel ist, folgt hieraus im Zusammenhange mit dem vorigen Satz:

Der Riß eines auf einer Kugel liegenden Kreises ist eine Ellipse, die den scheinbaren Umriß entweder in zwei Punkten oder in einem Punkt berührt oder überhaupt nicht trifft.

Eine Besonderheit tritt ein, wenn die Ebene von k den Projektionsstrahlen parallel und somit zu der Ebene von u senkrecht ist. Dann liegt der Mittelpunkt von k auf der Ebene von u und sind stets zwei Schnittpunkte P_1, P_2 von k und u vorhanden, die eine Durchmessersehne P_1P_2 von k begrenzen. Die Tangenten, die k in P_1 und P_2 berühren, stehen auf der Ebene von u senkrecht und sind deshalb Projektionsstrahlen. Also ist nach dem letzten Satz von Nr. 172 $\bar{k}$ die Bildstrecke $\bar{P}_1\bar{P}_2$ von P_1P_2. Da $\bar{P}_1$ und $\bar{P}_2$ auf $\bar{u}$ liegen, folgt hieraus:

Der Riß eines Kreises, der auf einer Kugel liegt und dessen Ebene den Projektionsstrahlen parallel steht, ist die Strecke, die der scheinbare Umriß der Kugel auf der Spur der Ebene des Kreises abgrenzt.

Aufgaben über ebene Schnitte der Kugel.

195. Sind für eine Kugel Grund- und Aufriß ihres Mittelpunktes O und die Länge r_0 ihres Halbmessers gegeben, so erhalten wir nach Nr. 193 ihre scheinbaren Umrisse u_1' und u_2'', indem wir — wie z. B. in Fig. 55 — um O' und O'' die Kreise mit dem Radius r_0 schlagen. Die wahren Umrisse sind der Großkreis u_1, dessen Ebene wagerecht, und der Großkreis u_2, dessen Ebene der Aufrißtafel parallel ist; deshalb liegen der Aufriß u_1'' von u_1 und der Grundriß u_2' von u_2 in den durch O'' und durch O' laufenden wagerechten Geraden. *Wir setzen eine Kugel stets als auf diese Weise in Grund- und Aufriß gegeben voraus.*

Aufgabe: *Gegeben* sind in Grund- und Aufriß eine Kugel und eine Ebene, die einer Rißtafel parallel ist. *Gesucht* sind die Risse des Schnittkreises.

Ist die Ebene E wagerecht, so ist sie — wie in Fig. 55 — durch ihre Aufrißspur bestimmt. Die Strecke, die durch den scheinbaren Umriß u_2'' der Kugel auf e_2 abgegrenzt wird, ist nach dem letzten Satz von Nr. 194 der Aufriß des gesuchten Kreises und gibt, da rechtwinklige Projektion vorliegt, nach dem letzten Satz von Nr. 173 unmittelbar die doppelte Länge seines Halbmessers r. Das Lot ON, das aus O auf E gefällt wird, ist scheitelrecht, so daß für den Mittelpunkt N des Kreises N' mit O' zusammenfällt; deshalb ist der Grundriß des Kreises der um O' mit r geschlagene Kreis. Das Entsprechende gilt, wenn E der Aufrißtafel parallel ist.

196. Aufgabe: *Gegeben* sind in Grund- und Aufriß eine Kugel und eine scheitelrechte Gerade a. *Gesucht* sind die Aufrisse der Schnittpunkte beider.

Wenn a die Kugel schneidet, trägt jeder Kreis der Kugel, dessen Ebene durch a geht, die Schnittpunkte. Wir werden also durch a eine Ebene E legen, den Aufriß k'' des Schnittkreises k herstellen und seine Schnittpunkte mit dem Aufriß a'' von a bestimmen. Diese sind die gesuchten Punkte; die zugehörigen Grundrisse sind mit dem ersten Spurpunkt A_1 von A vereinigt. Die Hilfsebene E können wir nun verschieden wählen:

Erstens sei E *parallel zur Aufrißtafel;* dann ist k'' ein Kreis, der O'' zum Mittelpunkt hat und dessen Halbmesser — ähnlich wie in der Aufgabe von Nr. 195 — aus dem Grundriß zu entnehmen ist.

Zweitens sei E *die durch* O *und* a *bestimmte Ebene;* dann ist k ein Großkreis, dessen Aufriß k'' im allgemeinen eine Ellipse ist. Um jetzt die Schnittpunkte zwischen k'' und a'' zu bestimmen, verfahren wir folgendermaßen. Wir denken uns E unter Mitnahme von k und a um den scheitelrechten Durchmesser der Kugel bis in die Lage gedreht, die der Aufrißtafel parallel ist. Dann gehen — siehe Fig. 56, in der nur die obere Hälfte der Kugel dargestellt ist — über: k in den wahren Umriß u_2, a nach Nr. 108 in eine scheitelrechte Gerade v, deren erster Spurpunkt V_1 der eine Schnittpunkt zwischen der Geraden u_2' und dem um O' mit $O'A_1$ geschlagenen Kreise ist, und die Schnittpunkte von k und a in diejenigen von u_2 und v. Dabei liegen die Kreise, auf denen sich die Schnittpunkte von k und a bewegen, in wagerechten Ebenen und haben somit wagerechte Geraden zu Aufrissen. Sind also V und A die oberen Schnittpunkte von u_2 und v und von k und a, so erhalten wir in Fig. 56 V'' als den oberen der Punkte, in denen u'' von der durch V_1 gelegten scheitelrechten Geraden v'' getroffen wird, und A'' als den Schnittpunkt zwischen a'' und der durch V'' gelegten Wagerechten. In derselben Weise ergibt sich der Aufriß des unteren Schnittpunktes von k und a.

197. Aufgabe: *Gegeben* sind in Grund- und Aufriß eine Kugel und eine scheitelrechte Ebene Δ. *Gesucht* sind die Risse des Kreises k, in dem die Kugel von Δ geschnitten wird.

Die Ebene Δ ist in Fig. 55 bestimmt durch die Grundrißspur d_1. Auf dieser grenzt der scheinbare Umriß u_1' (vgl. die Aufgabe von Nr. 195) die Strecke ab, die der Grundriß von k und gleich der doppelten Länge des Halbmessers r von k ist. Wenn M der Mittelpunkt von k ist, steht OM auf Δ senkrecht, so daß nach Nr. 62 $O'M' \perp d_1$ ist; da aber Δ scheitelrecht und folglich OM wagerecht ist, ergibt sich M' unmittelbar als Fußpunkt des aus O' auf d_1 gefällten Lotes und liegt M'' auf u_1''. Aus M', M'' und r kann nach Nr. 175 der Aufriß k'' hergestellt werden.

Die Ellipse k'' tritt berührend an den scheinbaren Umriß u_2'' in den Punkten E'', F'' heran, deren Grundrisse in dem Schnittpunkt zwischen d_1 und u_2' vereinigt sind. Lassen wir die durch Δ abgeschnittene Kugelkappe fort, so fällt der Bogen $E''F''$ des Kreises u_2'' aus dem scheinbaren Umriß des übrigbleibenden Körpers heraus und wird — im Einklang mit dem Satz in Nr. 188 — durch den Bogen $E''F''$ der Ellipse k'' ersetzt.

In derselben Weise ist in Fig. 55 die Kugel außer durch Δ noch durch die anderen Ebenen eines geraden quadratischen Prismas abgeschnitten. Der Aufriß des Kreises, der in der vorderen Ebene liegt, tritt an u_2'' nicht heran; wohl aber der Aufriß des Kreises, dessen Ebene zu Δ parallel ist, in den — wie E'', F'' — zu bestimmenden Punkten G'', H''. Wenn wir in Fig. 55 nur das Sichtbare eintragen, kommt von der zuletzt genannten Ellipse allein der Bogen in Betracht, der zwischen G'' und H'' liegt und im scheinbaren Umriß des Körpers an die Stelle des Kreisbogens $G''H''$ tritt.

Der in Fig. 55 dargestellte Körper kommt — gegebenenfalls noch durch wagerechte Ebenen abgeschnitten — als *Zierform* vor. Ist das Grundquadrat des Prismas dem Kreis u_1' gerade eingeschrieben, so berühren sich die Schnittkreise in ihren auf u_2 liegenden Punkten; dann ist die Hälfte des Körpers, die unterhalb der Ebene von u_2 liegt, ein Teil des *romanischen Würfelkapitäls* und die obere — als hohle Schale gedacht — eine Gewölbeform, die *Hängekuppel.*

198. Eine andere Gewölbeform, eine *böhmische Kappe*, entsteht, wenn wir, wie in Fig. 56, die obere Hälfte einer Kugel mit einem geraden rechteckigen Prisma schneiden; dabei muß das Rechteck $A_1 B_1 C_1 D_1$, das durch das Prisma in die Grundrißtafel eingezeichnet wird, einem mit u_1' konzentrischen, aber kleineren Kreise eingeschrieben sein. Die Prismenkanten treffen die Kugel in den Punkten A, B, C, D,

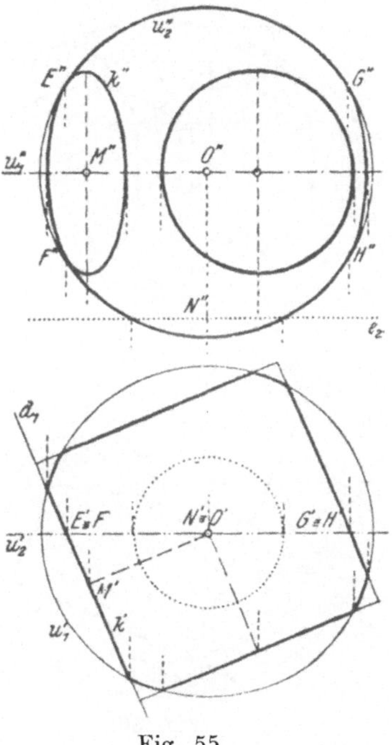

Fig. 55.

deren Grundrisse in die Punkte A_1, B_1, C_1, D_1 hineinfallen. Ihre Aufrisse sind nach Nr. 196 zu ermitteln, und zwar zeigt das zweite Verfahren, daß A'', B'', C'', D'' in einer wagerechten Geraden liegen. Deshalb bilden A, B, C, D ein wagerechtes Rechteck, durch dessen Diagonalenschnittpunkt Q der scheitelrecht nach oben gerichtete Halbmesser OS der Kugel geht. S ist der *Scheitel* und QS die *Pfeilhöhe* der Kappe. Hierdurch kommen wir zu der

Aufgabe: *Gegeben* sind Grund- und Aufriß eines wagerecht liegenden Rechtecks $ABCD$ und eine Strecke h. *Gesucht* ist der Aufriß derjenigen böhmischen Kappe, die mit der Pfeilhöhe h über dem Rechteck $ABCD$ steht.

Zu ihrer Lösung tragen wir (Fig. 56) zuerst die Risse des Scheitels S ein: $S' \equiv Q'$, $Q''S'' = h$. Die Punkte A, S, C bestimmen einen Großkreis k der Kugel, der die gesuchte Kappe angehört; sein Mittelpunkt ist der Kugelmittelpunkt O und hat den Grundriß $O' \equiv S'$. Denken wir uns nun die Ebene ASC um OS gedreht, bis — wie in Nr. 196 — k mit dem wahren Umriß u_2 der Kugel zusammenfällt, so gehen A und C in zwei Punkte V und W über, deren Aufrisse V'', W'' geradeso zu ermitteln sind, wie in Nr. 46 der Punkt A_{00}''. Der durch V'', S'', W'' bestimmte Kreis ist der scheinbare Umriß u_2'' und sein Mittelpunkt der Aufriß O'' des Mittelpunktes der Kugel.

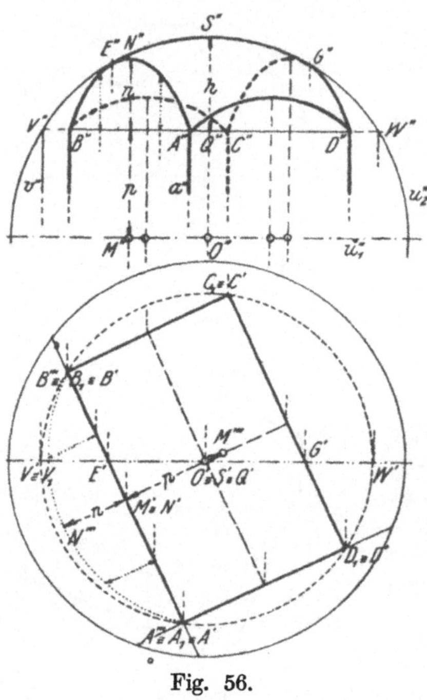

Fig. 56.

Nachdem in dieser Weise die Kugel gefunden ist, können wir nach Nr. 197 die Aufrisse der Kreise zeichnen, die in sie durch die Ebenen des Prismas eingeschnitten werden. Da jedoch als *Mauerbögen* der Kappe nur Teile dieser Kreise in Betracht kommen, dürfen wir auch so vorgehen, wie es in Fig. 56 für den Bogen ANB gezeigt wird. Wir bestimmen, wie in Nr. 197, für den Mittelpunkt M des Kreises, dem der Bogen angehört, die Risse M', M''. Darauf schließen wir an den Grundriß einen Seitenriß so an, daß seine Tafel der Ebene ANB parallel und daß $A''' \equiv A'$, $B''' \equiv B'$ ist. In ihn tragen wir nach der Vorschrift von Nr. 36 den Punkt M''' ein und erhalten in dem Kreisbogen $A''' N''' B'''$, den wir mit dem Mittelpunkt M''' schlagen, die wahre Gestalt des Mauerbogens ANB. Endlich leiten wir aus einer Anzahl von — zweckmäßig symmetrisch in bezug auf die Gerade $M''' N'''$ angeordneten — Punkten des Kreisbogens $A''' N''' B'''$ nach Nr. 38 die Punkte ab, durch die wir den Ellipsenbogen $A'' N'' B''$ ziehen.

199. Sollen die Risse eines Kreises gezeichnet werden, den eine gegen beide Tafeln geneigte Ebene E aus einer Kugel herausschneidet, so können wir stets nach Nr. 61 die Risse einer ersten und einer zweiten Hauptlinie von E bestimmen, darauf nach Nr. 62 die Risse des zu E senkrechten Durchmessers m der Kugel eintragen und endlich nach Nr. 67 die Risse des Schnittpunktes M zwischen E und m aufsuchen. Damit führen wir die Aufgabe zurück auf die folgende

Aufgabe: *Gegeben* sind in Grund- und Aufriß eine Kugel, ein Durchmesser m derselben und ein auf m liegender Punkt M. *Gesucht*

sind die Risse des Schnittkreises k zwischen der Kugel und derjenigen Ebene E, die in M auf m senkrecht steht.

Wir lösen sie in Fig. 57 mit Hilfe eines an den Grundriß anschließenden Seitenrisses, dessen Tafel zu m parallel ist, und tragen die Seitenrisse O''', M''', m''' und die dritte Spur e_3 von E genau so ein wie in Nr. 178 und in Fig. 49. Der scheinbare Umriß u_3''', den die Kugel im Seitenriß besitzt, ist nach Nr. 193 der mit ihrem Radius um O''' geschlagene Kreis und grenzt auf e_3 die Strecke ab, die der Seitenriß k''' von k ist. Hieraus ermitteln wir die Achsen der Grundrißellipse k' nach Nr. 178 und der Aufrißellipse k'' nach Nr. 179.

Aus Grundriß und Seitenriß ergeben sich die Punkte E', F', in denen unter Umständen k' den scheinbaren Umriß u_1' berührt, ebenso wie in Nr. 197 die Punkte E'', F'' aus Aufriß und Grundriß. k'' berührt den scheinbaren Umriß u_2'' nach Nr. 194 in zwei Punkten G'', H'', wenn k und u_2 sich in zwei Punkten G, H treffen. Die Gerade GH ist als Schnittlinie zwischen E und der Ebene von u_2 eine zweite Hauptlinie von E, so daß $G''H'' \perp m''$ (Nr. 62) ist, und geht durch den Punkt L, in dem E dem scheitelrechten Durchmesser der

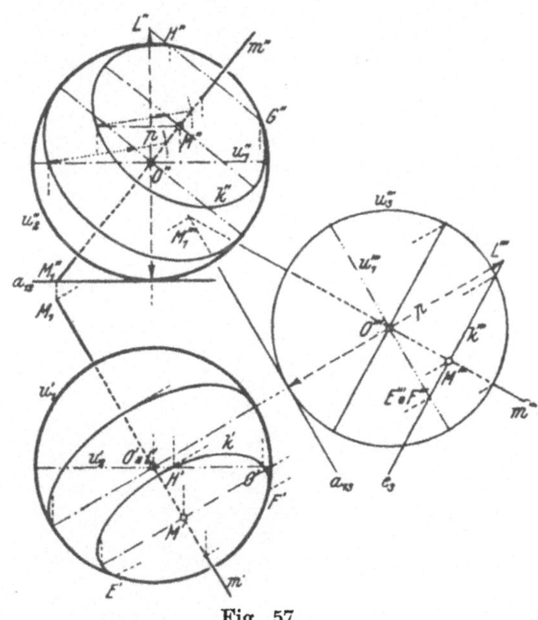

Fig. 57.

Kugel begegnet, dessen Grundriß also $L' \equiv O'$ und dessen Seitenriß der Schnittpunkt L''' zwischen $O'O'''$ und e_3 ist. Deshalb werden G''; H'' in u_2'' durch die Gerade eingezeichnet, die senkrecht zu m'' durch den aus L' und L''' abzuleitenden Punkt L'' gezogen wird. Die zu ihnen gehörigen Grundrisse G', H' sind die Schnittpunkte zwischen k' und u_2'.

Ist $M \equiv O$, so ist k ein Großkreis der Kugel und brauchen weder die Punkte E', F' noch die Punkte G'', H'' besonders konstruiert zu werden; denn in diesem Fall vereinigen sich, wie Fig. 57 zeigt, $E''' \equiv F'''$ und L''' mit O''', so daß E', F' in die Scheitel der Hauptachse von k' und G'', H'' in die Scheitel der Hauptachse von k'' rücken.

200. Um für eine Erdkarte das Gradnetz herzustellen, kann man die Erdkugel mit gleichmäßig verteilten Meridian- und Breitenkreisen rechtwinklig auf eine Rißtafel projizieren. Dann erhält man einen *orthographischen Kartenentwurf*, der *geradständig*, *querständig* oder *zwischenständig* heißt, je nachdem die Rißtafel zu der Erdachse NS senkrecht, parallel oder gegen sie geneigt gewählt ist. Für einen zwischenständigen Entwurf denken wir uns in Fig. 58 die Erdachse NS in einer scheitelrechten und zur Aufrißtafel senkrechten Ebene angeordnet und nehmen — unter Fortlassung des Grundrisses — einen an den Aufriß anschließenden Kreuzriß (Nr. 37) hinzu, sowie einen an diesen anschließenden Seitenriß, dessen Tafel zu NS senkrecht steht. Die Punkte des Kreuzrisses bezeichnen wir durch einen beigefügten Stern (*) und die des Seitenrisses durch drei Striche ($'''$).

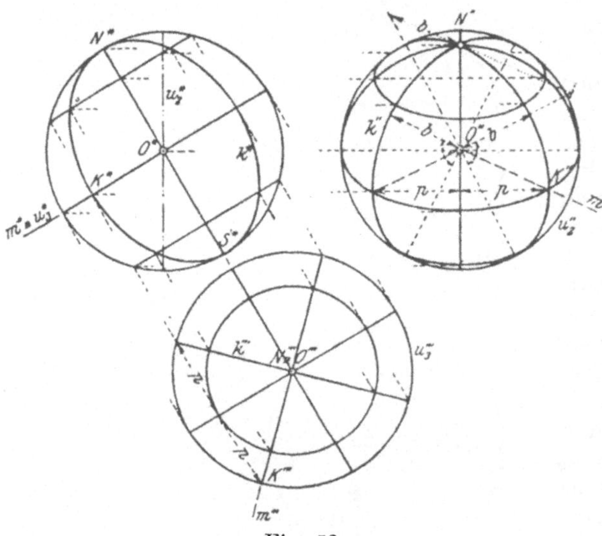

Fig. 58.

Die Meridiankreise bilden sich im Seitenriß ab als durch O''' laufende und die Breitenkreise im Kreuzriß als zu N^*S^* senkrechte Geraden, die den jeweiligen scheinbaren Umriß in gleiche Teile teilen. Hieraus ergeben sich nach Nr. 195 die Seitenrisse der Breitenkreise als Kreise mit dem gemeinsamen Mittelpunkt O''' und nach Nr. 197 die Kreuzrisse der Meridiankreise als Ellipsen mit der gemeinsamen großen Achse N^*S^*, wobei Kreuzriß und Seitenriß wie Grund- und Aufriß zu behandeln sind. Der Seitenriß ist zugleich ein geradständiger und der Kreuzriß ein querständiger orthographischer Entwurf.

Um endlich den zwischenständigen Entwurf im Aufriß herzustellen, denken wir uns Fig. 58 um $90°$ gedreht, so daß der Kreuzriß an die Stelle des Grundrisses in Fig. 57 zu liegen kommt. Dann ergeben sich nach Nr. 197 als die Aufrisse der Breitenkreise Ellipsen, deren Nebenachsen mit der Geraden $N''S''$ zusammenfallen. Die Aufrisse der Meridiankreise dagegen sind Ellipsen mit dem gemeinsamen Mittelpunkt O'' und müssen nach Nr. 199 hergestellt werden; dabei ist folgendes zu beachten: Ist k ein Meridiankreis und K der eine Endpunkt des zu der Ebene von k senkrechten Kugeldurchmessers m, so liegt K''' auf dem scheinbaren Umriß u_3''' und ist $O'''K''' \perp k'''$;

durch K''' ist der auf u_3^* liegende Punkt K^* und hierdurch auch nach Nr. 38 der Punkt K'' bestimmt. Wir haben also — ohne, wie in Nr. 199, Rißachsen einzuführen — die drei Risse von m, insbesondere $m'' \equiv O''K''$ gewonnen und können nunmehr k'' nach Nr. 179 als Ellipse konstruieren, die zur großen Achse die auf $O''K''$ senkrechte Durchmessersehne von u_2'' hat und durch N'' läuft.

Bei jedem Gradnetz kommt es auf die Genauigkeit seiner Knotenpunkte an. Sie sind nur im Seitenriß als Schnittpunkte von Geraden und Kreisen festgelegt. Deshalb übertragen wir sie, ehe wir die Ellipsen einzeichnen, aus dem Seitenriß durch Ordnungslinien auf die geradlinigen Kreuzrisse der Breitenkreise und von dort nach Nr. 38 in den Aufriß; erst dann ziehen wir die Ellipsen mit Hilfe der Achsen, der Scheitelkrümmungskreise und der soeben gefundenen Punkte.